宇宙ベンチャーの時代

経営の視点で読む宇宙開発

小松伸多佳　後藤大亮

光文社新書

はじめに

想像してみてください。宇宙ビジネスが花開いている近未来を。

「はやぶさ2」がサンプルを持ち帰った、小惑星「リュウグウ」丸ごとに対して、ネット上で12兆円もの高値がつき、月の土地が1万円以下で売りに出され、3Dプリンタでロケットが製造され、宇宙ホテルの試験機が軌道上を回り、NASAの入札で勝ち上がった民間ベンチャーが月への貨物輸送を受注し、衛星の監視データから誰も知らない情報を得た投資ファンドが金融市場で大儲けをし、政府予算の役割が縮小して宇宙ビジネス市場全体の4分の3が既に民間主導となっている、

そんな近未来を……想像してみてください。

これって、一体何年後くらいに実現すると、あなたは思われますか。

答えは、マイナス1年後。すなわち、先ほどの描写は、2022年までに既に起こった、過去の出来事であるのです。

冒頭からトリッキーな質問で恐縮でしたが、これほどまでに、従来は夢のように思われたことが既に現実化しているのが、民間商業宇宙開発（ニュー・スペース）の世界なのです。

また、先ほどの描写が既に起こっていることだと言い当てられた読者の方がもしいらっしゃったら、あなたは相当な宇宙通と言えるでしょう。

従来は政府が主導していた宇宙開発の分野は、今、民間企業がイニシアティブをとった「ビジネス」として急速に生まれ変わりつつあります。そして、「宇宙ベンチャー」と呼べる民間ベンチャー企業が、この流れをどんどん加速していっています。

一般の方々から見れば、転機に感じられたのは2021年以降でしょう。2021年は、まさに「民間宇宙ベンチャー元年」というにふさわしい年になりました。

同年7月11日に英国ヴァージン・グループの創業者であるリチャード・ブランソン氏が宇宙に飛んだのを皮切りに、7月20日にはアマゾン・ドット・コム（以下、アマゾン）社の創業者ジェフ・ベゾス氏が民間宇宙旅行を果たしました。9月16日にはスペースX社のクルー・ドラゴン宇宙船に乗った4人が、民間人だけで3日間にわたって地球周回軌道を回りました。

また、あまり知られていないかもしれませんが、我が国でも、3月には宇宙デブリ（宇宙ゴミ）除去のアストロスケール社の試験衛星が打ち上げられ、8月に最初のデブリ捕獲試験に成功しました。4月にはアクセルスペース社の地球観測衛星が打ち上げられ、8月には宇宙ロボット開発のギタイ・ジャパン社の宇宙ロボットが、国際宇宙ステーションで試験運転を行いました。

そして、日本国民にとっての極めつけは、我が国のビリオネア前澤友作氏が12月に国際宇宙ステーションに12日間滞在し、わくわくするような情報を次々に発信してくれたことです。

一方、同年に海外では宇宙ベンチャーの株式公開が相次ぎ、二桁の企業がナスダックやニューヨーク証券取引所等に上場し、「民間宇宙ベンチャー元年」を強く印象づけました。

そして近い将来、いよいよ我が国でも、宇宙ベンチャー上場第1号[*1]が登場する可能性が高まっています。上場企業の登場は、その分野が産業として新たに認知されたに等しい意味があります。上場企業の株は毎日株式市場で取引され、当該企業の業績予想、中期戦略、技術開発から顧客動向まで、将来の株価を予想するための膨大な情報が毎日発信されることになります。読者の皆さんも、自由に株を買って、宇宙ベンチャーのオーナー（株主）の一人になることもできるわけです。[*2]

　このように、民間宇宙ベンチャーが急に身近に取り上げられる機会が増えても、多くの方は、半信半疑だと思われます。宇宙分野は伝統的に、NASAやJAXAなどの公的機関のイメージが強く、経営基盤も脆弱《ぜいじゃく》な宇宙ベンチャーがビジネスを展開していることに、様々な疑問を抱いている方も多いのではないでしょうか。

どうして民間宇宙旅行が急に実現したの？
宇宙旅行なんて危なくないの？
いくらかかるの？
宇宙ビジネスなんて儲かるの？
誰がお金を払うの？
どんな種類の商売があるの？
大企業よりベンチャーの方が強いの？
なぜド赤字の宇宙ベンチャーに高い株価が付くの？
自分も宇宙ベンチャーを起業できるの？

……こうした素朴な疑問に一定の答えを出すのが、本書の目的の一つです。

本書の二つ目の目的は、なぜ米国において民間宇宙産業が急に立ち現れたのか、その理由を探ることです。新産業がうぶ声を上げようとする時、当然ながら起業家を含むビジネスの参加者は、様々なリスクを乗り越えていかなければなりません。米国はこれまでも、ＩＴ、エネルギー、バイオ、ロボット、ＡＩ、そして宇宙産業と、様々な新産業を短期間に立ち上げてきました。この背景には、社会全体でリスクを上手に分担する体制があります。具体的には、起業家やベンチャー・キャピタルはもちろんのこと、ＮＡＳＡなどの宇宙機関、政府、証券取引所、保険会社、顧客、労働者や一般投資家までもが、少しずつリスクを分担する座組《ざぐ》みが自然発生的に形成され、これが宇宙産業を立ち上げる原動力になっていると考えられます。

宇宙ベンチャーの躍進ぶりをご紹介するとともに、「社会全体におけるリスクの分散処理」ともいえるこの体制について提議することが、本書のもう一つの目的です。

宇宙開発の話題は理科系の分野ですが、宇宙ベンチャーということになると、企業経営という社会科学系の分野から宇宙開発を見ていくことにもつながります。宇宙ベンチャーの台頭を通じて、今まで培われてきた様々な経営技術やノウハウ、例えば、ファイナンス（資金調達）やマーケティング、ストラテジー（事業戦略）、リーガル・マター（企業法務）、組織論や従業員の動機づけまで、様々な企業経営上の知見、ノウハウが、一気に宇宙開発になだれ込んでいます。そして、宇宙開発の分野自体が、こうしたノウハウを呑み込みながら、新たな一大産業に育とうとしています。本書に名前が登場する宇宙ベンチャーの数は、１００社を超えています。

本書の筆者両名は、ともに文系理系の両分野に興味を持ち続け、ＪＡＸＡにおいて共に活動してきました。筆者・小松は、ベンチャー・キャピタリストとして、企業経営やファイナンスに知見を持ちますが、自然科学にも興味を持ちＪＡＸＡの委員会等に参加してきました。筆者・後藤は、ＪＡＸＡのエンジニアとして様々なプロジェクトに携わりながらも、技術革新とイノベーションの根幹にある経済活動にも着目してきました。[*3]

文理二刀流の両者が、互いの知見を共有しながら宇宙開発について語り合ったことが、本書の主要な部分を構成しています。小難しい科学の知識など持ち合わせなくても読み解ける読み物にしたいと思って執筆しました。また既にある程度の宇宙開発に関する知識を持っている理系の読者の方でも、例えば第七章で株価と宇宙ベンチャーの関連について考察したように、企業経営の観点から宇宙開発を見直した経験は少ないかと思います。こうした新たな視点を取り入れながら、本書をお読みいただけたら幸いです。

それでは早速、「宇宙ベンチャー」のめくるめく世界に向かって、

3、2、1、リフト・オフ！（打ち上げ！）

＊1　一部観測報道等の状況分析によれば、現在複数の宇宙ベンチャーが上場準備に入っており、本書上梓時点で既に上場が実現していたり、延期になったりと状況が変化する可能性があります。

＊2　本書は宇宙ベンチャーへの投資を勧誘する目的で書かれたものではありませんので、もし投資をされる場合は個人の責任とご判断でお願いいたします。

＊3　筆者後藤はＪＡＸＡに所属するエンジニアですが、この本に書かれた内容は個人的な思想や意見を述べたもので、ＪＡＸＡの公式見解ではありません。

宇宙ベンチャーの時代——目次

第四章　宇宙ビジネスの注目8分野……119

第五章　政府事業から民間商業へ……171

第七章　高い株価……………231

第一章

宇宙ビジネス概観

まず冒頭に、「はじめに」で列挙したことを具体的にご説明するところから始めたいと思います。第四章で具体的な産業分野ごとに整理して詳しくご説明しますが、まずは全体を概観してみてください。

1・1 「はじめに」解題

小惑星「リュウグウ」に12兆円の高値

小惑星の値付けサイト

皆さんもご存じの「はやぶさ2」は、2014年12月3日に地球を飛び立ち、2018年6月27日に目的地である小惑星「リュウグウ」に到達しました。その後、2019年2月22日と7月11日にリュウグウのサンプル採取に成功しました。そして、2020年12月6日に地球に帰還しました。

余談ですが、はやぶさ2はリュウグウのサンプルを地球に送り返した後、新たなミッションに再び旅立っています。新たな目的地は「１９９８ＫＹ26」という小惑星で、２０３１年7月に到達予定ですが、途中２０２６年7月に「２００１ＣＣ21」という小惑星を通過する時、通り過ぎながら複数の観測を同時に行う計画もあります。「はやぶさ2」は地球帰還時点でも大量の燃料を残していたため、耐久試験もかねて11年に及ぶ新たなミッション「はやぶさ2#」が加わりました。

小惑星のなかには、レアメタルなどの希少鉱物資源を大量に含んでいる可能性があります。このリュウグウを含めて、様々な小惑星の「価格」を公表しているアステランク(Asterank)というサイトがあります。[*1] そこへ行ってみると、例えばリュウグウは８２８億ドル(12兆円、１＄＝１４０円)、同じく米国が「はやぶさ」初号機の後追いで、小惑星探査衛星「オシリス・レックス」を使って２０２０年10月20日にサンプルを採取した小惑星「ベンヌ」が6・7億ドル(２５９億円)、といった具合に評価額が示されています。

そもそも世界では、はやぶさを契機に小惑星探査レースが繰り広げられています。「はやぶさ」初号機の「イトカワ」到達が２００５年、続いて欧州「ロゼッタ」のチュリュモフ・ゲラシメンコ彗星到達が２０１４年、「はやぶさ2」の「リュウグウ」到達が２０１８年、さらに米国「オシリス・レックス」のベンヌ着陸は２０２０年に達成されました。日本のＪ

ＡＸＡは、少ない予算ながら、小惑星探査の分野でも世界をリードしています。

アステランクは、人類未踏の小惑星も含めて惑星の時価総額を推定している様子で、１００兆ドル（１・４京円）を超える評価を得た小惑星も多数掲載されています。もちろん埋蔵資源の内容も量も正確に分かっているわけではありませんので、試みに「市場価値を算出してみました」ということになるのでしょうが、早々に値段を付けてしまうというところが、いかにも米国らしいと思いませんか。

「小惑星丸ごとお持ち帰り計画」

ちなみに、２０１０年創業のプラネタリー・リソーシズ社（米国）という宇宙資源開発ベンチャーは、こうした小惑星を地球近傍まで輸送してから鉱物資源を採掘する、いわば「小惑星丸ごとお持ち帰り計画」とも呼べる計画を発表しています。実際にクラウドファンディング（インターネットを通じた資金調達）で１か月という短期間に１００万ドル（１・４億円）という資金を一般投資家から調達したと言われています。出資者には、映画『タイタニック』のジェームズ・キャメロン監督など、錚々《そうそう》たる著名人が名を連ねていました。[*2]

「丸ごとお持ち帰りだって？　そんな馬鹿な」という反応が返ってきそうですが、この荒唐

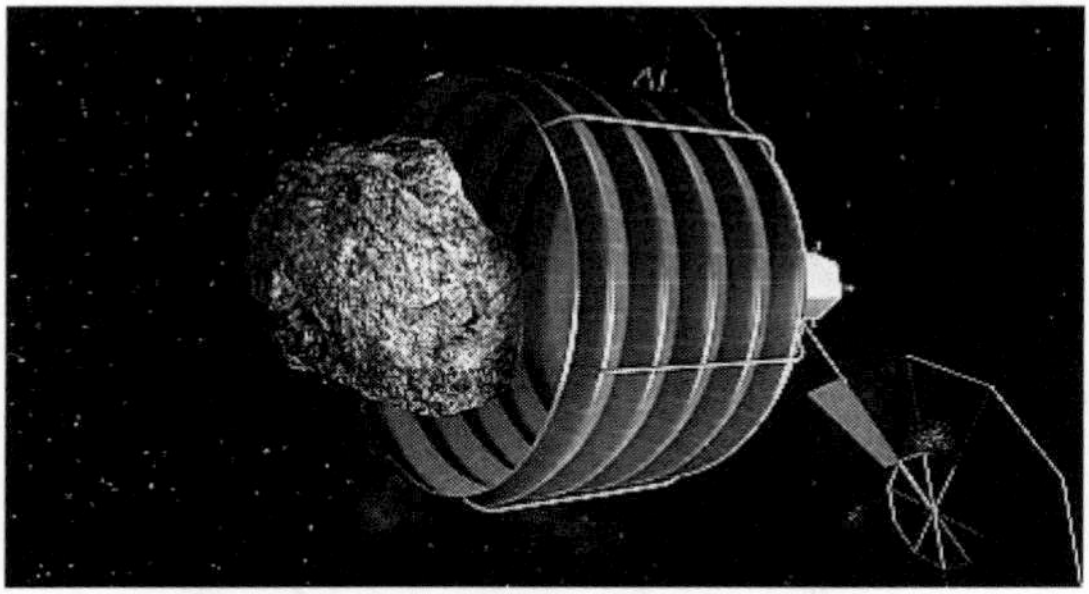

写真1　小惑星丸ごとお持ち帰り計画「ARM」
出所：https://www.cleveland.com/science/2013/04/nasas_proposed_asteroid-snarin.html

無稽な計画が真剣に検討されていた証拠をお示ししましょう。

オバマ政権時の2013年、NASAはオバマ政権に対し、「小惑星イニシアティブ」という計画を提案し、実際に予算まで付きました。この計画には「小惑星捕獲・誘導ミッション：Asteroid Redirect Mission（ARM）」という計画が含まれていました。小惑星にロボット衛星を送って袋をかぶせ、エンジン噴射で地球近くまで運んだ後、資源採掘を果たすという壮大な計画です。トランプ政権になって早速に予算カットになりましたが、小惑星のお持ち帰りは大真面目な計画だったのです（**写真1**）。

月の土地が1万円以下で売りに出される

「月の土地」第三期分譲中！「月の土地」は、自分用にはもちろん、贈り物としても喜ばれています。誕生日や結婚、出産祝い、クリスマスやバレンタイン、母の日といったプレゼントとして大変喜ばれています。

これは、ルナエンバシー・ジャパン社[*3]のホームページに書かれている文章です。「えっ！月の土地の分譲なんて行っているの?:」、「それって違法じゃないの?:」、いろいろな声が飛んできそうです。

確かにこうした疑問はごもっとも。同ホームページには、「お客様がしっかりとした情報にもとづいた正しい選択ができるよう」として、次のように書かれています。

月の土地を販売しているのは、アメリカ人のデニス・ホープ氏（現アメリカルナエンバシー社CEO）。同氏は、「月は誰のものか?:」という疑問を持ち、法律を徹底的に調べました。すると、世界に宇宙に関する法律は１９６７年に発効した、いわゆる宇宙条約しかないことがわかりました。この宇宙条約では、国家が所有することを禁止しているが、個人が所有してはならないということは言及されていなかったのです。

この盲点を突いて合法的に月を販売しようと考えた同氏は、１９８０年にサンフランシスコの行政機関に出頭し所有権の申し立てを行ったところ、正式にこの申し立ては受理されました。

これを受けて同氏は、念のため月の権利宣言書を作成、国連、アメリカ合衆国政府、旧ソビエト連邦にこれを提出。この宣言書に対しての異議申し立て等が無かった為、ルナ・エンバシー社（LunarEmbassy.LLC、ネバダ州）を設立、『月の土地』を販売し、権利書を発行するという「地球圏外の不動産業」を開始しました。

これを以《もっ》て買い主の月の所有権が保証されるかどうか心もとありませんが、法規制の盲点を突いていることだけは確かです。１区画（１エーカー＝４０４７平米）の権利書だけで２７００円、専用収納ホルダー等をつけても７４３０～７９８０円です。

この権利の適法性はともかくとして、月や小惑星での資源採掘が民間でも現実味を増してきているために、むしろ民間企業による資源採掘を認める法律が次々成立しています。米国で2015年に法律が改定されて民間の私的利用が可能になったのち、2017年にルクセンブルク、2019年にアラブ首長国連邦、そして2021年6月15日には我が国が、世界4番目の法律として「宇宙資源の探査及び開発に関する事業活動の促進に関する法律（通称、宇宙資源法）」を制定しました。

昨今、メタバースの可能性が大きく取りざたされるようになり、ザ・サンドボックス等のメタバース内では、仮想の土地が数百万円もの高値で取引されるようになってきました。月の土地とはいっても、民間人にとってはアクセス不能の地ですから、仮想物のようなものと言えるでしょう。1980年代からこうした仮想物に対する権利を販売しているという意味では、ルナ・エンバシー社は、現代のメタバース・ビジネスのさきがけと見なせるかもしれませんね。

3Dプリンタでロケットが製造される

「ファスト・フード」とか「ファスト・ファッション」とか、スピードを売り物にするビジネスがあふれていますが、「ファスト・スペース」という概念が宇宙ビジネスにも台頭してきそうです。

その急先鋒《きゆうせんぽう》が、2021年に大きな資金調達を行ったレラティビティ・スペース社（米国）でしょう。同社は、3Dプリンタでロケットを作ることを標榜《ひようぼう》しています。従来なら一年以上かけて建造するロケットを、3Dプリンタを使って60日で作ってしまおうというのだから驚きです。

そもそも自動車や家電、ロボットに至るまで、工業製品は金型を使って部品を鋳造するか、または切削加工や押出成形等の工程を経て製造し、組み立てて完成させるのがこれまで普通とされてきました。しかし、特に金型は、高い精度が要求されるために大変高額で、かなりの量産を行わないと採算が取れません。ロケットの場合は、これまでは打ち上げ回数が限られていましたので少量生産が基本で、切削加工等によって製造した部品を中心に、数十万点も組み合わせて組み立てる必要があります。このためロケットは、ほぼ一点物の大変高価な製品です。

ところが、3Dプリンタは、この問題を一気に解決する潜在力を持っています。現在では金属も材料として使えるようになってきており、特にチタンなど、耐熱性に優れ高強度の金属材料が使えるようになったことで、ロケットへの応用が可能となっています。

一般的に3Dプリンタを用いることには、様々なメリットがあります。まず第一に、高価な金型が不要です。設計図から直接製品を作ることができます。第二に、少量多品種生産に向いています。第三に、複数の部品の一体成型が可能です。これにより部品点数を大幅に削減することができます。レラティビティ・スペース社は、部品点数を700個あまりまで削減できると発表しています。また、第四に、一体成型されることにより強度が増し、漏れや破損が少なくなります。特にロケットの場合、部品同士の接合部から漏れや破損が起こりがちです。一体成型されると接合部がなくなりますので、こうした事故のリスクを減らすことができます。

従来の伝統的な生産方式を撤廃して、3Dプリンタを中心に据えた生産方式を「アディティブ・マニュファクチャリング」と言います。最近では、地上の住居を3Dプリンタで作ってしまおうというベンチャー企業すら現れています。

レラティビティ・スペース社が3Dプリンタで製作する最初のロケット「テラン1」の開発は最終工程にある模様です。また、次世代機の「テランR」は、スペースX社の主力ロケットであるファルコン9の有力な対抗馬となりうると言われ、2024年の打ち上げが計画されています。同社は、２０２０年11月に5億ドル（７００億円）、２０２１年6月に6・5億ドル（９１０億円）もの資金調達に成功しています。世界の投資家が、この企業の成長性を評価している証だと言えます。

宇宙ホテルの試験機が軌道上を回る

「宇宙ホテルの試験機が軌道上を回り」と書いたのは、現在高度４００㎞の宇宙空間を飛んでいる国際宇宙ステーション（ＩＳＳ）に据え付けられた試験モジュールのことです。宇宙ホテルを企画したビゲロウ・エアロスペース社が、２０１６年から運用していました。

同社は、ラスベガスのホテル王であるビゲロウ氏が創業した宇宙ホテルの会社です。１９９９年に設立された同社は、２０００年に、ＮＡＳＡのインフレータブル（膨張）式モジュール技術を導入し、これを改良して宇宙ホテルを建設しようとしていました。インフレータブル式モジュールとは、簡単に言うと空気で膨らます俵型の家です。20層以上の素材を重ねた外壁により、宇宙デブリや温度変化にも強く、いったん膨張すれば鉄やアルミニウムよりも強度があります。また、空気を抜いてしぼませればロケットのフェアリング（貨物室）に収まり、非常に効率的です。

２０１６年に試験モジュール「ビーム」をＩＳＳに接続して、耐久性能などの試験を続けていましたが、コロナ禍の影響で資金的に厳しくなったためか、残念ながら２０２０年に同社は従業員全員の解雇を発表し、事業は途中で休止したものと推測されます。

一方、新顔も登場しています。２０１６年に創業したアクシオム・スペース社は、２０２０年にＮＡＳＡと契約を結び、ＩＳＳが退役するまでに新たに民間宇宙ステーションを開発中です。最初の試験モジュールを２０２３年にＩＳＳに付属して建造し、いずれは独立させてＩＳＳとは別の民間商業宇宙ステーションを運営することを企画しています。

また、同社は、２０２２年4月8日にＩＳＳへの派遣ミッション「Ａｘ－１」を成功させました。同月25日に帰還し、全員が民間人でＩＳＳを往還した例は初めてでした。

国際宇宙ステーション（ＩＳＳ）は、つい最近まで、２０２４年までの運用は決まっていましたが、その先どうするかは決まっていませんでした。そんななか、２０２１年12月31日に、米国バイデン大統領は、２０３０年までＩＳＳを継続運用することを発表しました。このためＮＡＳＡは、後継の民間宇宙ステーション建造に対して積極的に支援していく方針を打ち出しています（詳しくは「第四章　4・5　民間宇宙ステーション」参照）。

民間ベンチャーが月への貨物輸送を受注する

アポロ17号の宇宙飛行士が最後に月に降り立ったのは、1972年12月11日のことで、驚くべきことに以来50年、月は放置されてきました。「放置」という言葉はふさわしくないかもしれませんが、日本の月探査衛星「かぐや」を含めて、無人探査機は何度も月の探査を行っているものの、人類が月面に立つことは50年間行われませんでした。

なぜなら、NASAの宇宙開発の軸足が、国際宇宙ステーション（ISS）の建造および地球低軌道[*4]に移行したためです。この移行の背景には、国際政治が大きく影響しています。

そもそもアポロ計画は、当時のソ連に後れを取っていた米国が、名誉挽回として始めた計画です。人類初の人工衛星（スプートニク1957年）の打ち上げや、人類初の有人宇宙飛行（ガガーリン氏1961年）で、米国はソ連に先を越されていました。そこで1962年にケネディ大統領が、「10年以内に人類を月に行くことを選択する」と高らかに宣言（いわゆるGo to the Moon 演説）し、名誉挽回を図ろうとしました。そして、皆さんもご存じのアポロ11号が、1969年に月面着陸に成功しました。ケネディ大統領が宣言したわずか7年後、ニール・アームストロング船長とバズ・オルドリン副操縦士が月面に降り立ち、米国は人類初の有人月面着陸の栄冠を勝ち取りました。

このように、初期の宇宙開発は、冷戦下の米ソ超大国による威信競争のなかで先鋭化したことと、軍事技術としても巨額の開発費が必要であったことがあいまって、政府主導とならざるを得ませんでした。

その後、ソ連の崩壊とともに国際政治状況は大きく変貌し、米露協調の機運が高まるなか、その象徴ともいえる国際宇宙ステーション（ISS）の建造が始まりました。このプロジェクトで活躍したのが、スペースシャトルです。そして、冷戦が過去のものとなったと言われるなか、ISSを基盤とした、地球低軌道の開発が加速していくことになるわけです。

しかし、月に水がある可能性が高まったことにより、再び大きな方針変更が行われます。

皆さんご存じの「アルテミス計画」は、おおざっぱに言って4本の柱から成り立っています。①NASA新型ロケット（SLS）およびオリオン宇宙船の開発、②商業月面輸送サービス（CLPS）、③月周回ステーション（ゲートウェイ）、④有人月着陸と探査、です。このうち、「民間ベンチャーが月への貨物輸送を受注し」というのは、②商業月面輸送サービス（CLPS）のことです。

従来のNASAの月面開発プロジェクトであれば、NASAがロケットを開発し、NAS

Aが打ち上げ、NASAが着陸してサンプルを採取する、という形で行われたはずです。しかし、民間宇宙ベンチャーが多数輩出している現状は、役割分担が全く変わってきています。宇宙ベンチャー企業がロケットを開発し、宇宙ベンチャー企業が打ち上げ、宇宙ベンチャー企業が着陸してサンプルを採取し、NASAは分析データやサンプルを提供してもらったことに対して対価を払う、という「サービスの購入者の立場」に移行したのです。CLPSには、世界中から14社が応札資格を与えられ、「セリ」に当たる「入札」を通じて14社の中から落札業者が選定されます。

これは、日本の建設業などで行われる「指名競争入札」に近い業者選定システムです。日本の自治体などが建設工事などを発注する時に、予め指名業者（建設を実行可能な能力を持つ適格業者）を定めて登録しておき、具体的な工事を発注する時に、指名業者を集めて入札を実施します。日本では原則的に最も安い応札価格を提示した業者が落札業者として自治体等から認定されますが、CLPSでは価格以外の技術力や安定性、提案の革新性等々の要素も検討して落札業者が決められます。

CLPSでは、2019年からの10年間に、26億ドル（3640億円）の予算が確保され、これが20回程度の入札に分けて順次発注されるように計画されています。単純に全体額を20

回の入札回数で割ると、1契約当たり182億円の受注額と計算されますので、1回落札しただけでも宇宙ベンチャーには巨額の売上高がもたらされることになります。

このように、NASAと民間宇宙ベンチャーとの役割分担は、これまでとは大きく様変わりしてきています。そして、政府が行ってきた事業が民間に移管されることを通じて、商業宇宙ビジネスが大きく伸びてきているのです（詳しくは、「第五章　③主客逆転スキームとしてのCOTS」参照）。

投資ファンドの「お宝情報」

「はじめに」の「衛星の監視データから誰も知らない情報を得た投資ファンドが……」という話は、有名な宇宙ベンチャー、オービタル・インサイト社（米国）の事例です。人工衛星が地上を撮影した画像を見ると、いろいろなことが分かります。農作物の生育状況から土砂崩れなどの災害の状況、また、「第四章　4・8　安全保障ビジネス」のところでご紹介するように、ウクライナ戦争におけるロシア軍の進軍状況なども把握することができます。

そうしたなかで、2013年に設立されたオービタル・インサイト社は、自社では衛星を打ち上げずに、他社の衛星が撮影した様々な画像を解析して、誰も知りえなかった情報を抽出しました。はじめ同社は、ショッピング・モールの駐車台数から、来店客数を推計したりしていました。「駐車台数のデータなんて、何に使うんだ？」とお思いかもしれませんが、これが株式市場で巨額のマネーを運用する投資ファンドにとってはまさに「お宝情報」なのです。

ご存じのように、株式市場に上場している会社の株は、業績がよいと上がり、悪いと下がります。ショッピング・モールを運営する企業は、毎月月次売上を発表し、この情報によって株価が反応するわけですが、もし会社側の発表前に月次売上を推定できたらどうでしょう。会社発表に先回りして株を買っておけば……ちょっと想像しただけでも、かなり儲けられそうな話に聞こえませんか。同社はさらに、各国の石油貯蔵タンクを撮影し、その情報をやはり投資ファンドなどに売っているようです（「第三章　3・4　宇宙に行かない宇宙ビジネスの躍進」参照）。

農作物の生育状況なども衛星画像によって把握することができますが、そのデータを農家に売るのではなく、投資ファンドに売却したところが同社の頭のいいところです。同じデータでも、最も多くオカネを払ってくれる先に売却することで、ビジネスとしては全く異なるものになります。投資ファンドなどの金融プレーヤーは、情報をリアルタイムで知ることができるため、大枚をはたいてでも入手したいと考えるわけです。

主導権が民間に移ることによって、宇宙開発においても、最も高く情報を買ってくれる客先に合わせてビジネスを組み立てるような、マーケティングの知恵が活用されます。このようにして、宇宙ビジネスはだんだんと儲かるビジネスに変化していっているのです。

民間主導の宇宙ビジネス市場

最後に、ブライス・テック社のレポートによると宇宙経済に占める民間セクターの割合は世界の宇宙経済全体51・2兆円（3659億ドル）の4分の3に達しています（2019年時点）（**図表1**）。宇宙開発というと各国政府が主導するイメージがありますが、既に民間商業が成長エンジンとなっているのが分かります。

米国モルガンスタンレー社[*5]によれば、2040年に世界の宇宙市場は1・05兆ドル（147兆円）に達すると予想されており、**図表1**の約3倍に成長する計算になります。

我が国でも、2020年6月に閣議決定した宇宙基本計画では、1・2兆円だった国内宇

図表1　政府予算は既に市場の4分の1に縮小

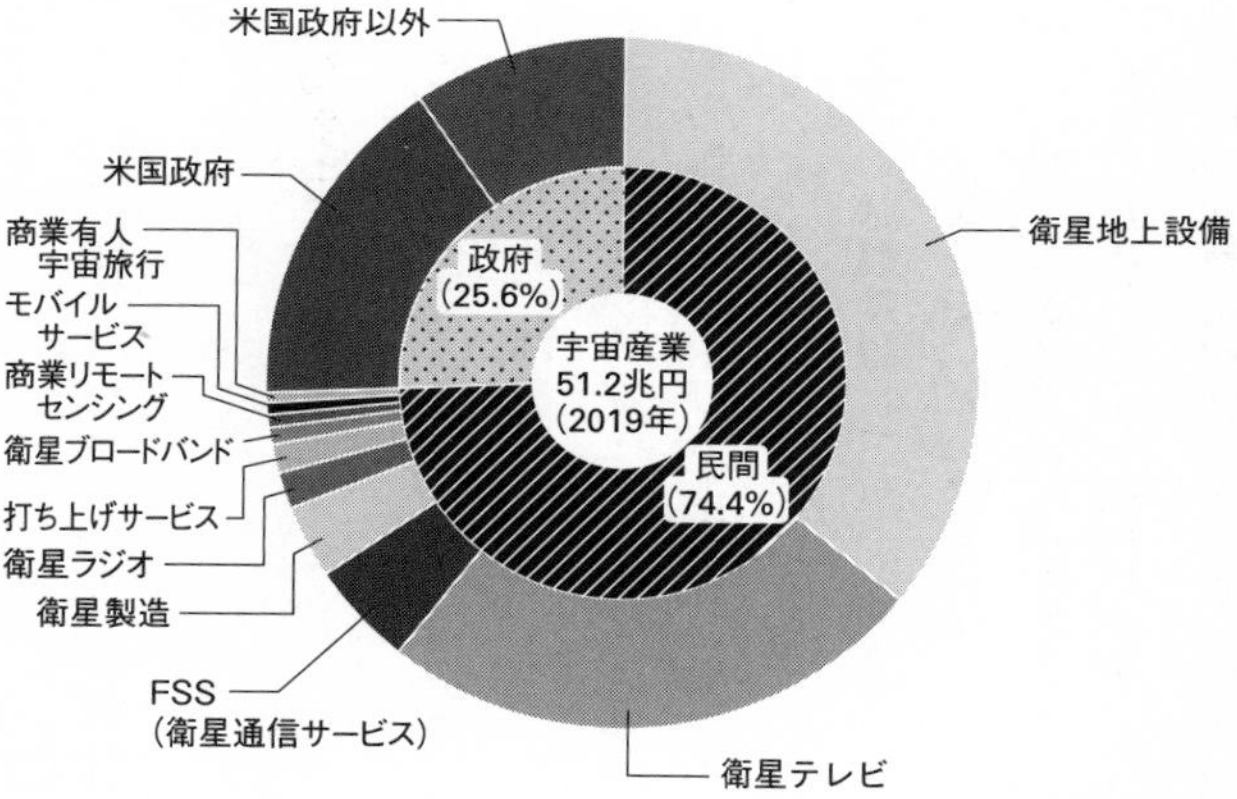

筆者注：図中の民間宇宙産業のなかには、GPSのチップや衛星テレビ放送の受信料等も含まれていると推定され、民間の市場規模は過大な計算になっている可能性があることを注記しておきます。（1US$＝140円）

出所：Bryce Tech社資料

宙市場を、2030年代前半に2・4兆円へと倍増する目標を掲げました。

以上解説してきたように、「はじめに」で記述したことは、既に過去の事実として起こっていることです。昔なら考えられないことかもしれませんが、これらの宇宙ビジネスにおいて、民間宇宙ベンチャーが影に日向《ひなた》に大きな影響力を獲得しつつあるのです。

これらの事例は、より詳しく、第三章と第四章で述べますのでご参照ください。

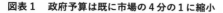

1・2　宇宙旅行ベンチャーの特徴比較

民間宇宙旅行元年

2021年は、文字通り「民間宇宙旅行元年」となりました。7月11日にヴァージン・ギャラクティック社が創業者リチャード・ブランソン氏を乗せて飛び、7月20日にブルー・オリジン社が創業者ジェフ・ベゾス氏を乗せて飛びました。この2つのフライトは、宇宙空間の一番低い領域まで飛び、数分間の無重力を楽しんだのち、自由落下で地上に戻ってくる、「サブオービタル（弾道飛行）型宇宙旅行」と言われる形態でした。

上記2社の話題に隠れて気づかなかった方もいらっしゃるかもしれませんが、9月16日には、スペースX社が「インスピレーション4」と言われる民間宇宙旅行を実現しました。こちらは、スペースX社が国際宇宙ステーションに宇宙飛行士を送った宇宙船「ドラゴン」に4人の民間人を乗せて、軌道上を3日にわたって周回し地上に帰還した、という宇宙旅行でした。地球周回軌道を回ると、数分間で落下してくるということがなくなり、長く無重力状態を楽しむことができます。地球周回軌道に到達して回るこうした旅行形態を「オービタル（軌道飛行）型宇宙旅行」と言います。ブルー・オリジン社は、さらに10月14日に2回目のサブオービタル・フライトを成功させました。

また、日本人にとってなじみがあるのが、２０２１年12月に実現した、ＺＯＺＯ社創業者である前澤さんの国際宇宙ステーション（ＩＳＳ）滞在です。このように２０２１年は、一般社会に強く「民間宇宙旅行元年」を印象づけた年でした。

大きく違う宇宙旅行の実現方式

これらのうち、ヴァージン・ギャラクティック社とブルー・オリジン社は、いずれもサブオービタル型宇宙旅行ですが、両社の方式は大きく異なっているので、その点について付言しておきたいと思います。

まず、両社の宇宙船の形は大きく違います。ヴァージン・ギャラクティック社の宇宙船「スペースシップ・ツー」は翼が2つある飛行機のような形をしているのに対し、ブルー・オリジン社の「ニューシェパード」はカプセル型です。

（上）**写真２　ヴァージン・ギャラクティック社「スペースシップ・ツー」**
写真提供：ロイター＝共同
（下）**写真３　ヴァージン・ギャラクティック社「ホワイトナイト・ツー」**
出所：Wikimedia Commons

こうした形状の違いは、それぞれの打ち上げ・着陸方式の違いからきています。**（写真2）**

ヴァージン・ギャラクティック社の場合、宇宙船「スペースシップ・ツー」は、大きな翼をもつ母船飛行機「ホワイトナイト・ツー」**（写真3）**の下にぶら下げられて離陸します。高度15km程度で切り離されて、以後はスペースシップ・ツーのロケット・エンジンで高度80kmの宇宙空間まで上昇します（空中発射方式と言います）。エンジンの燃焼が止まった後は、３〜４分間の無重力体験[*6]を楽しんで、自由落下してきます。そのままだと、空気との摩擦熱[*7]で危険な状態に陥りかねないので、減速しながらグライダーのように空気中を滑空して、最後は滑走路に車輪で着陸します。

　これに対し、ブルー・オリジン社の打ち上げ・着陸方式は全く異なります。打ち上げ方式は、地上から打ち上げるロケット方式です。同社が開発したロケット「ニュー・シェパード」（**写真4**）は、上段に乗客搭乗用のクルー・カプセルを乗せて打ち上げ、途中切り離されたクルー・カプセルが高度100kmの宇宙空間に達し、3〜4分間の無重力状態を楽しみます。自由落下しますが、ブルー・オリジン社の着陸方式は、ロシアのソユーズ宇宙船と同じように、パラシュートと、着地直前のロケット噴射ひと吹きとを使って衝撃を和らげて軟着陸します。

　このように、ヴァージン・ギャラクティック社が空中発射方式であるのに対して、ブルー・オリジン社はロケット発射方式、ヴァージン・ギャラクティック社が滑空して着陸するのに対して、ブルー・オリジン社はパラシュートで着陸するなどの違いがあります。

　また、ヴァージン・ギャラクティック社は操縦士が必要であるのに対して、ブルー・オリジン社はコンピュータによる自動制御で、操縦士は搭乗していません。

写真4　ブルー・オリジン社「ニュー・シェパード」

出所：Wikimedia Commons

ヴァージン・ギャラクティック社のスペースシップ・ツーは乗客6人、乗員2人乗りであるのに対し、ブルー・オリジン社のニューシェパードは乗客のみ6人乗りです。

一方、到達した高度にも違いがあります。実は高度何kmからが宇宙かという定義には主要な考え方が2つあります。一方は、米国FAA（連邦航空局）等が採用している「高度80km以上が宇宙」という考え方、もう一つは一般的に受け入れられている「高度100km以上が宇宙」という考え方です。ヴァージン・ギャラクティック社は、「高度80km以上が宇宙」の定義を採用しており、7月11日のフライトでも最高到達高度は85・9kmでした。これに対し、ブルー・オリジン社は「高度100km以上が宇宙」の定義を採用しており、7月20日のフライトでも最高到達高度は107kmでした。このことをもとに、ベゾス氏は、「ヴァージン・ギャラクティック社は本当は宇宙に到達したと言えない」との批判を展開します（「第二章2・3　ビリオネアは宇宙を目指す　オカネ持ち同士は仲が悪い？」参照）。

ひとくちに宇宙ビジネスと言っても、様々な考え方、様々な実現方法があるのだということを実感していただけたらと思います。

＊1　https://www.asterank.com/（評価額は時々変更されているようです）
＊2　２０１８年にブロックチェーン関連のＩＴ企業「コンセンシス社」に買収されました。
＊3　https://www.lunarembassy.jp/
＊4　第三章〈コラム：軌道には種類がある〉参照。
＊5　https://www.morganstanley.com/ideas/investing-in-space
＊6　正確には「微小重力体験」です。
＊7　「摩擦熱」という説明は物理学的には正確ではないのですが、ここでは一般の方々にも分かりやすいよう、あえてこうした表現を用います。

第二章

3つの導線

2・1　3つの導線とは

2021年7月に、リチャード・ブランソン氏とジェフ・ベゾス氏が、相次いで宇宙旅行を成し遂げたことを見て、「突如として宇宙ベンチャーが現れた」という印象を持たれた方も多いことと思います。しかし、民間宇宙ベンチャーが表舞台に登場するまでには、その前段となる奮闘の歴史がありました。本章では、「3つの導線」とも言える潮流を追いながら、この夜明け前の歴史をまとめてみました。「3つの導線」とは、①民間宇宙賞金レース、②ビリオネアの参入、③NASAによる宇宙ベンチャー育成プログラムの3つです。このうち本章では①と②のみをご説明し、③は第五章で詳しく説明したいと思います。

2・2　宇宙が舞台の賞金レース

民間で宇宙一番乗りを競ったアンサリ・Xプライズ

一つ目の導線は、米国Xプライズ財団が始めた「宇宙飛行レース」です。1996年にXプライズ財団が設立され、「Xプライズ」（後に「アンサリ・Xプライズ」に改称）と呼ばれるレースを開始しました。これは、「①乗員3名（うち2名分は重りでも可）で、②宇宙空間に到達して帰還し、③2週間以内に同一機体で再び宇宙空間に到達したチームが、財団から賞金1000万ドル（14億円）を受賞する」という内容の宇宙レースでした。

このレースに世界中から26チームが参加しました。そして、2004年10月4日、独創的な機体を開発したスケールド・コンポジッツ社（米国）の「スペースシップ・ワン」が、立て続けに2度の宇宙空間到達に成功し、見事レースに優勝したのでした。このスペースシップ・ワンこそ、現在のヴァージン・ギャラクティック社につながる原点です。

スペースシップ・ワンの打ち上げ方式は、「空中発射方式」であることは、第一章で述べました。[*1] ちなみに、スペースシップ・ワンの母船（名称：ホワイトナイト）の推進力は、「ジェット・エンジン」で、これは空気のあるところでしか使えない原理になっています。他方、スペースシップ・ワンの推進力は、「ロケット・エンジン」で、これは空気のないところでも使えます。空気のないところでは酸素もありませんので、モノは燃えません。燃料と酸素を同時に持って行き、両方を混ぜて燃焼させるところがロケット・エンジンの特徴です。

スケールド・コンポジッツ社の社長兼設計士のバート・ルータン氏は、スペースシップ・ワンが落下する時の減速方法に、独創的な仕組みを採用しました。翼を折りたたんで空気抵抗を増し、落下スピードと熱を抑制する工夫を考えついたのです。バドミントンの羽根にヒントを得たという自由な発想で、見事レースに優勝しました。そして、この成功は、民間宇宙旅行を一気に現実味のあるビジネスとして、人々に印象づけました。

大企業にバトンタッチして紆余曲折

スペースシップ・ワンは、その後、大資本の協力を得てスケール・アップします。起業家であり冒険家でもある、英国ヴァージン・グループの総帥、リチャード・ブランソン氏が、スペースシップ・ワンの技術ライセンスを供与され、2004年にヴァージン・ギャラクティック社を設立しました。

ちなみに、スケールド・コンポジッツ社がアンサリ・Xプライズに参加するために資金提供していたのは、マイクロソフト社の創業メンバーの一人で大金持ちのポール・アレン氏でした。人命が失われるのを見たくなかったという同氏は、ストラトローンチ社という貨物輸送専門の空中発射ロケット会社を別途設立しています。しかし、惜しいかな2018年10月に、同氏は病魔にさいなまれて他界されてしまいました。この時は世界中の宇宙関係者が同氏の死を悼んでメッセージを発しています。

話を元に戻します。ヴァージン・ギャラクティック社は、2004年の設立当初には、2007年に最初の民間宇宙旅行を実現すると発表していました。しかし、2007年10月に、新しいロケット・エンジンのテスト中に爆発事故があり、同社のエンジニア3人が死亡、3人が重体という事態を招いてしまいました。既に、約600人の乗客に一人当たり約25万ドル（3500万円）の価格でサブオービタル宇宙旅行を販売していましたが、この事故の結果、先延ばしになりました。

その後、バージョンアップして搭乗可能人員を8人まで増やしたスペースシップ・ツー

「VSSエンタープライズ号」が新造されましたが、2014年10月31日に、カリフォルニア州モハヴェ砂漠での試験飛行中に墜落事故が起こり、副操縦士が死亡、操縦士も重傷を負い、初の民間商業宇宙飛行はまたも延期となりました。

次の節目は、2016年2月、完成したスペースシップ・ツー2号機の「VSSユニティ号」のお披露目でした。同機は、順調にテスト飛行を重ね、2018年12月13日に、初めて高度80㎞の宇宙空間に達しました。その後、2019年2月に2回目の宇宙飛行、2021年5月に3回目の宇宙飛行を成功させ、2021年7月のブランソン氏の宇宙飛行へとつながっていきました。

このように、2004年に会社を設立して以来、苦節16年以上の歳月を経て2021年の宇宙飛行に至っています。安全な有人宇宙飛行には財力だけではままならない技術の困難が存在していたと言えるでしょう。

かつてリンドバーグが大西洋単独無着陸飛行に成功したことは、その後の航空ビジネスの発展に計り知れない影響を及ぼしました。彼のこの偉業は、大西洋無着陸飛行を賭けて争われたオルティーグ賞のレースのなかで達成されました。このように「レース」を一つの契機として、昔も今も人々の激しい情熱と競争心が未来を切り開いていった歴史があるのです。

月一番乗りを競ったグーグル・ルナ・Xプライズ（GLXP）

Xプライズ財団の次なる宇宙賞金レースの舞台は、月でした。民間月一番乗りレースとも呼べる、「グーグル・ルナ・Xプライズ」（以下、GLXP）がそれです。

2007年に始まったこのレースでは、月に軟着陸し、月面車で500m走行した後に、現地の高精細画像を地球に送信した者が勝者とされました。賞金は総額3000万ドル（42億円）です。

このレースをめぐって、世界15か国から34チームが応募しました。既に事業を開始している宇宙ベンチャーも参加していましたが、イスラエルの「スペースIL」やインドの「チーム・インダス」のように、このレースに参加するために新たに民間団体を設立する例もありました。特に政府から依頼を受けたわけではなくても、「自分たちが偉業を成し遂げれば国威発揚になるし、世の中を変えられるかもしれない」という熱い思いで、レースに参加したチームが多いようです。

GLXPで優勝するためには、主に3つの乗り物を用意する必要があります。①地球の重力を振り切って宇宙空間に達するための「ロケット」、②月に着陸するための「ランダー

（月着陸船）」、③月面を500m走行するための「ローバー（月面探査車）」です。参加チームの中には、②と③だけ用意しようとしたチームもいれば、③だけ用意して、あとは他の企業やチームに外注または相乗りする形態もありました。

日本からもチーム・ハクト（後のアイスペース社）が月面ローバー「SORATO」を開発しながら参加しました。2007年9月にGLXPが開始され、チーム・ハクトは2008年4月に同レースにエントリーしました。自己資金だけで開発を行ったチーム・ハクトの場合は、③ローバーの開発のみに特化し、①と②は他の団体からサービスを調達するという構成でレースに臨みました。

徒手空拳で日本から

「チーム・ハクト」を立ち上げた袴田武史氏は、大学時代に航空宇宙工学を専攻していたとはいえ、特に専門的な経験を積んだわけではなく、情熱に突き動かされてGLXPへの参加を決めたと聞きます。彼の野心的な挑戦に次々と仲間が集いましたが、資金集めは難航しました。

ランダー（月着陸船）の開発には莫大《ばくだい》な研究開発費が必要です。ロケットの開発となると、さらに莫大な資金が必要です。資金に余裕のなかった彼らは様々な選択肢を検討しましたが、最終的にはロケットとランダーを用意できそうなチームに相乗りしていくプランを選択しました。

写真5　チーム・ハクトのローバー
© ispace

リュックサック大のローバーを開発する彼らのチーム名は、日本で昔から、「月ではウサギが餅をついている」と言われる故事にちなんで「白兎（HAKUTO）」と付けられました（**写真5**）。

リュックサック大のローバーというと、簡単な工作で作れそうに聞こえるかもしれませんが、これが結構難しいのです。

月の表面は、「レゴリス」と呼ばれるパウダー状の砂で覆われています。普通の車でも砂の上は走りにくいように、レゴリスの上を問題なく走れるようにするのには多くの工夫が必要です。レゴリスが隙間から入り込み、機構に害を及ぼすリスクや、転倒の防止等も考慮しなければなりません。

さらに、宇宙空間では、放射線の影響や熱設計が大きな問題となります。空気のない宇宙では熱が逃げにくいので、機器などに熱がたまると、電子機器等が熱暴走を起こします。このため宇宙では、発熱と放熱をきめ細かく設計する「熱設計」が特に重要となるのです。しかも、昼間の月の表面は太陽光にあぶられ100℃に及ぶ灼熱《しゃくねつ》です。上からの太陽光と下の月面からの「両面焼き」に耐えられるように設計しなくてはなりません。

こうしたことからチーム・ハクトは、設計とモデル製作を何度となく繰り返し、ようやく中間審査までこぎつけました。そして2015年1月に、GLXPの中間審査を見事パス！モビリティ・サブシステム中間賞の賞金50万ドル（7000万円）を得て、その後ファイナリストにも進んだのでした。

この時点で、当初の34チームは、ファイナリスト5チームにまで絞られました。顔ぶれは、米国「ムーン・エクスプレス」、国際混合チームの「シナジー・ムーン」、イスラエルの「スペースIL」、インドの「チーム・インダス」、そして、「チーム・ハクト」でした（2013年時点で、チーム・ハクトは、正式に法人成りして「株式会社アイスペース」となっていましたが、ここでは「チーム・ハクト」としての呼び名を継続します）。

勝者なしの幕切れ

チーム・ハクトは、中間賞を獲得した時点では、スペースX社のロケット「ファルコン9」で打ち上げられ、米国「アストロボティック・テクノロジー」（以下、アストロボティック社）のランダー「グリフィン」で月へと向かう計画でした。しかしその後様々な紆余曲折があり、2016年末頃には、インドの競合チーム「チーム・インダス」が使用するインド宇宙研究機関（ISRO）のロケット「PSLV」で打ち上げられ、チーム・インダスのランダーに相乗りして着陸する計画に改められました。

2017年6月には、チーム・インダスの月着陸船の着陸地点が変わり熱設計の大きな変更を迫られました。チームは放熱面を大きくするなど改良し、最終的なフライトモデル（最終製品）を完成させました。GLXPの最終期限は、2018年3月末と決められていたので、チーム・ハクトにとっても、チーム・インダスにとっても、最後の期限が迫っていました。

ところが2018年1月に、チーム・インダスの資金繰りが苦しいらしいという情報が舞い込み、その後チーム・インダスのGLXP撤退があきらかになりました。チーム・ハクトには寝耳に水でしたが、12月に既にフライト・モデル（最終製品）をインドに送ってしまっていて、連鎖的に彼らも、ＧＬＸＰを断念せざるを得ない結果となってしまいました。後に判明した事実としては、ファイナリストとして残った5チームのいずれもが、期限までにロケットを打ち上げることが不可能になっており、ＧＬＸＰは勝者不在の幕切れとならざるを得ませんでした。

このままでは終わらせない

ＧＬＸＰは勝者不在で終わりましたが、チーム・ハクトも含め、参加チームの多くが「このままでは終わらせない！」とリベンジを誓っていました。そしてこのことが、後の「民間月ビジネス」に大きな影響を与えていきます。

チーム・ハクトも、既に２０１３年に「株式会社アイスペース」に改組され、法人として宇宙ビジネスを追求していく体制が整っていました（ここからは、「アイスペース社」と呼んでいきます）。実は、アイスペース社は、ＧＬＸＰが終結する前の２０１７年12月に、日本のベンチャー・キャピタルや民間企業などを中心に、ランダーを自前で開発する資金１０１・

5億円の資金調達に成功していました。既にこの時には、民間企業として月ビジネスを継続していく決意を固めていました。そして、当面のビジネス・モデルを「月への実験機器等の輸送ビジネス」に置き、「月での水資源等の探査ビジネス」、「月の街の実現」へと段階的に発展させる事業計画を描きました。[*2]

また、2011年にイスラエルで設立されGLXPのファイナリストだった「スペースIL」も、「このままでは終わらせない」と執念を燃やしていました。彼らは、ついに2019年2月22日に、月着陸船「ベレシート」をスペースX社のファルコン9ロケットによって打ち上げました。無事に月面に着陸したら、米国、ソ連、中国に次いでイスラエルが4か国目、しかも民間初の快挙となるはずでした。

しかしながら2019年4月11日に、月への着陸シーケンス（過程）中、高度14kmほどで制御ができなくなり、最終的には月面に衝突したと推測されます。それでも、高度22kmほどで撮影した月面の写真を送信することには成功し、世界の賞賛を浴びました。

一方、NASAもまた、GLXPの成果を未来へとつなげました。第一章でもご紹介した、アルテミス計画の「CLPS」（商業月面輸送サービス）がそれです。[*3] NASAが民間企業を対象に入札を行い、NASAが欲しいデータやサンプルを持ち帰るプロジェクトです。

ＧＬＸＰにも参加していた、アストロボティック社やムーン・エクスプレス社が、応札資格を得ています。ＣＬＰＳの応札資格は米国法人にしか与えられないため、アイスペース社は、米国ドレイパー研究所とチームを組んで応札資格を得ています。

挫折しても不屈の精神で新たな飛躍を達成する。ここにベンチャー起業家精神の神髄があると思います。勝者不在だったとはいえ、ＧＬＸＰにより、民間企業が月に到達することの現実性が一気に高まり、ＮＡＳＡの開発体制にも影響を与えたと言えるでしょう。

2・3　ビリオネアは宇宙を目指す

宇宙ベンチャーの台頭を見ていく上で欠かせないのが、ビリオネア、すなわち大金持ちの存在です。イーロン・マスク氏、リチャード・ブランソン氏、ジェフ・ベゾス氏などのビリオネアが、経営者兼投資家として参入したために、宇宙ベンチャー躍進の道が開かれました。まずは、この3名のプロフィールから追いかけてみましょう。[*4]

イーロン・マスク氏（スペースX社）

最近はイーロン・マスク氏の名前が日本でも有名になりましたが、テスラ社のCEOとして知ったという方も多いかもしれません（**写真6**）。

しかし、現在のテスラ社に出資した2004年に先立つ2002年に、彼はスペースX社（正確な社名は、スペース・エクスプロレーション・テクノロジーズ社）を立ち上げていました。

写真6　イーロン・マスク氏
写真提供：ロイター＝共同

マスク氏は、1971年6月28日、南アフリカ共和国に生まれました。8歳の時に両親が離婚し、弟や妹とともに母親に引き取られて育ちました。12歳の時には、「ブラスター」というソフトウェアを自らプログラミングし、500ドル（7万円）で売却するという早熟ぶりも見せていたようです。

「黒人を抑圧する南アフリカ軍の兵役に就くことがいいこととは思えなかった」と言って、17歳の時に徴兵を逃れてカナダに渡り、オンタリオ州のクイーンズ大学、その後、アメリカのペンシルベニア大学に移り、経営学と物理学を学びます。

　1995年には、シリンコンバレーのスタンフォード大学大学院に入学しますが、折しもウィンドウズ95が発売され、先見性のある若者たちがインターネットの可能性に気づき始めるなか、彼はせっかく入学したスタンフォード大学大学院をわずか2日でさっさとやめてしまったといいます。そして、弟のキンバル・マスクとともにオンライン・コンテンツ出版ソフト会社「ジップ2社」を起業し、コンパック社に3億ドル（420億円）で売却します。

　この時得た資金を元手にマスク氏が始めた会社が、オンライン決済を手掛ける「Xドットコム社」で、後に有名な「ペイパル社」となります。「ペイパル社」は2002年に「イーベイ社」に15億ドル（2100億円）で買収され、マスク氏の手元には1・7億ドル（238億円）が入ります。そして、2002年に「スペースX社」を創業したのを皮切りに、2004年には電気自動車の「テスラ・モーターズ社」に、2006年には太陽光発電の「ソーラーシティ社」に資本参加と、矢継ぎ早に新たなビジネスを立ち上げていきます。


リチャード・ブランソン氏（ヴァージン・ギャラクティック社）

ヴァージン・グループ創業者であり総帥と呼ばれるリチャード・ブランソン氏は、195

0年7月にイギリスで生まれました。祖父、父ともに法廷弁護士という家庭に生まれましたが、幼い頃からの障がい（ディスレクシア〈失読症〉）のために家業を継がず、高校を中退しました。その後、1970年に中古レコードの通信販売事業を始め、73年には、「ヴァージン・レコード」というレコード・レーベルを立ち上げました。「セックス・ピストルズ」のヒットで一気に有名になったのを機に、同社を売却し、今度はレコードの小売店である「ヴァージン・メガストア」をロンドンや東京で多店舗展開し、彼は音楽業界の風雲児と呼ばれました（**写真7**）。

写真7　リチャード・ブランソン氏

写真提供：共同通信社

1984年のある日、ブランソン氏が搭乗するはずだった、プエルトリコから英領ヴァージン諸島に向かう飛行機便が、乗客数の不足を理由にキャンセルされました。それまでも航空会社のサービスの悪さに怒りを募らせていたブランソン氏は、すぐさま搭乗予定の人々と交渉して航空機をチャーターし、そばにあった黒板に「ヴァー

ジン航空　ブリティッシュ・ヴァージン・アイランド行き　片道39ドル（5460円）」となぐり書きして全員の搭乗を果たしました。そして、これがヴァージン・アトランティック航空の最初のフライトだった、という逸話が残っています。

しかし、新参者は大手航空会社からの様々な圧迫、妨害を受けたため、熱気球による大西洋横断でヴァージン航空の宣伝につなげようとブランソン氏は考えます。彼を乗せた熱気球は、1987年7月2日に米国メイン州の山岳地帯から、アイルランドの田園地帯を目指して飛び立ちますが、着陸する直前に、突風にあおられて、制御不能のまま上空へと舞いあがってしまいます。

子供たちに「愛している」と遺言メモを走り書きしながらも、ブランソン氏はなんとか気球を制御し、海面に飛び込んで九死に一生を得ました。この命がけの世界記録達成のおかげで、ヴァージン航空は有名になり、メジャーな航空会社の仲間入りを果たします。

根っからの冒険家であるブランソン氏は、そのほかにも1985年に船による大西洋最速の横断旅行に挑戦したり、ヴァージン・コーラの宣伝のためにニューヨークのタイムズスクエアでコーラで作った壁を戦車で突き破ったりと、物議をかもすパフォーマンスを繰り返し、「億万長者のスタントマン」の異名をとったりしました。

そして、2004年、アメリカのモハヴェ砂漠に出向いたブランソン氏は、スペースシップ・ワンを製造していたバート・ルータン氏と、彼を援助していたポール・アレン氏に出会い、前節でご説明したヴァージン・ギャラクティック社の設立につながります。

ジェフ・ベゾス氏（ブルー・オリジン社）

アマゾンの創業者ジェフ・ベゾス氏は、1964年1月12日にニューメキシコ州アルバカーキに生まれました。母親は17歳の高校生、父親は高校を卒業したばかりだったということもあってか、2人はベゾス氏を生んだ後すぐに離婚してしまったそうです。1968年4月に、母親はキューバ移民のミゲル・マイク・ベゾス氏と再婚し、ここからジェフはベゾス姓を名乗ります（**写真8**）。

写真8　ジェフ・ベゾス氏
写真提供：共同通信社

幼少期から科学や工作に興味を持っていたベゾス氏には、よちよち歩きの頃に自宅のベッドをねじ回しを使って分解したとか、兄弟が自分の部屋に入ってこないように警報機を製作したなどという逸話が残っています。

ベゾス氏の成績はすこぶる優秀で、1982年に高校の卒業式でスピーチした際には、宇宙に300万人が暮らせるスペースコロニーを作る構想を表明していました。プリンストン大学では、当初物理学者になりたいという意思を持って入学しましたが、優秀な学友との出会いから転機が生じ、最終的には電気工学とコンピュータ科学で学位を取得しています。

1986年にプリンストン大学を卒業したベゾス氏は、金融決済システムのベンチャー企業や大手投資銀行を経て、ヘッジファンドのD・E・ショー社に転職し、同社ではシニア・バイス・プレジデント（副社長）も務めました。

D・E・ショー社の業務として、当時生まれたてのインターネットの可能性について調査したベゾス氏は、これが世の中を一変する潜在力を秘めていると気づき、起業の決心を固めます。

職場の同僚であるマッケンジー・スコット氏（女性）と1993年に結婚し、2人の住む家のガレージで、アマゾン・ドット・コム社（以下、アマゾン社）が誕生するのです。

ベゾス氏は最初に手掛ける商材として書籍を選びオンライン書店を開設した1か月後には、全米のすべての州と海外45か国に販売を広げ、1997年には大きな赤字を抱えながらも株式公開を果たします。

その後、アマゾン社は扱う商材の幅を広げて急成長しました。そして2000年、ベゾス氏は幼い頃からの夢だったロケット開発企業をひそかに立ち上げ、ブルー・オリジン社と名付けました。イーロン・マスク氏がスペースX社を設立する2年前、リチャード・ブランソン氏がヴァージン・ギャラクティック社を立ち上げる4年前のことです。

余談ではありますが、ブルー・オリジン社の実験に使用する広大な土地を視察中の2003年、ベゾス氏が乗ったヘリコプターが強風にあおられて墜落し、九死に一生を得るという事故が発生しました。ベゾス氏には、冒険を楽しむ楽天家の一面もあり、洞窟を探検したり、北極圏を犬ぞりで冒険したりもしています、また、2013年には、サルベージ船に乗って、海底5000mに沈んだアポロ11号のエンジンを回収に行く冒険も実行しています。

その後、2018年、個人資産1120億ドル（15兆6800億円）を達成したベゾス氏は、フォーブス世界長者番付で初めて1位となったのもつかの間、翌年には妻のマッケンジー・スコット氏と離婚することが発表されました。住まいのあるワシントン州では、婚姻中に夫婦が手にした財産を離婚に際して等分する制度があるため、宇宙開発を阻む世紀の離婚かと思われましたが、結局和解し、その後もブルー・オリジン社の研究開発は続けられました。

ブルー・オリジン社はのべ15回の無人打ち上げ試験に成功し、16回目に当たる試験飛行で初めてベゾス氏を乗せ、2021年7月20日に宇宙に到達しました。

個性あふれるビリオネアたち

3氏の簡略なプロフィールを見ていただきました。マスク氏もベゾス氏も幼い頃から宇宙に興味を持っていて、物理学を専攻していたという共通項を持っていたのは興味深い話です。

また、ブランソン氏とベゾス氏は、両氏とも冒険家の顔を持っています。やんちゃそうには見えないベゾス氏ですが、犬ぞりで北極圏を冒険したり、深海からアポロのロケット・エンジンをサルベージしたりといった冒険も経験しています。そして、両氏とも、一度は九死に一生の体験をしているというのも興味深いです。

一般に、優秀な経営者には「リスク・ラバー」（積極的にリスクを取ろうとする人）が多いと言われ、両氏の冒険談や九死に一生話は、リスク・ラバーぶりを物語っているのではないでしょうか。一方、マスク氏の九死に一生話は聞いたことがありませんが、その代わりに彼は、舌禍を冒険のごとく楽しむ癖があるようです。毎度のごとく世間を驚かせる花火を上げておきながら、しばらくは結果が出せずに世間の批判を浴び、しかし遅れてなんとか実現してしまいます。意図したビッグマウス（大言壮語）で自分を追い込んで、夢を実現するプロセスを楽しむ冒険者に思えてなりません。

一般的に言ってリスク・ラバーの経営者には、世間から「変わり者」呼ばわりされる人が多いものです。なかにはブランソン氏のように障がいを持っている方も少なくなくて、障がいが強い個性となって才能を開かせているケースもよく見かけます。いずれにしても、リスクに対して果敢に挑んでくれるビリオネアがいるからこそ、民間商業宇宙という新たな産業が興ってきたということができるでしょう。

オカネ持ち同士は仲が悪い？

惜敗ベゾス氏のネガティブ・キャンペーン

２０２１年5月5日にアマゾンの創業者ジェフ・ベゾス氏が、７月20日に民間宇宙旅行を果たすとの発表があり喝采を浴びました。しかし、７月１日には今度はリチャード・ブランソン氏が割って入って、ベゾス氏より9日早い7月11日に宇宙に飛ぶと宣言しました。そして結局、ビリオネア創業者初の民間宇宙旅行の座はブランソン氏がかっさらいました。はたから見ると、どう見ても「初」の栄冠を奪い合っているとしか見えません。オカネ持ち同士は仲が悪いのでしょうか。

事実関係を細かく見ていくと、ヴァージン・ギャラクティック社もブルー・オリジン社も、宇宙空間への到達はずっと以前に既に成し遂げていましたし、（パイロットなどの関係者以外の）第三者を乗せた初の宇宙旅行については、両社ともに王手をかけていたわけですから、先陣争いについてはいろいろな見方ができそうです。一方、２０２１年7月11日の初飛行には、イーロン・マスク氏が応援に駆け付けたと聞きますので、マスク氏とブランソン氏の２人は仲が悪いわけではなさそうです。

しかし、少なくともベゾス氏とブランソン氏の２人は、あまり仲がよろしくないというのが事実のようです。

２０１９年2月22日、ヴァージン・ギャラクティック社の宇宙船「スペースシップ・ツー」は初めてパイロット以外の人間を乗せ、宇宙空間に到達しました。パイロット以外の人間といっても、同社のチーフ・アストロノート・インストラクターであるベス・モーゼス氏（女性）ですので、純粋な民間第三者ではありませんでしたが。

そして２０２１年2月頃から、ベゾス氏による批判は激しくなります。「スペースシップ・ツーは、宇宙に行けるか疑問だ」というのです。

第一章でご説明したように、宇宙の定義には、高度１００km（カルマンライン）以上と、高度80km以上の2つがあります。[*5] ２０２１年7月に実際に飛んだ高度は、ブルー・オリジン社のニューシェパードが１０７km、ヴァージン・ギャラクティック社のスペースシップ・ツーが86kmですから、ベゾス氏の立場に立つと、「本当の宇宙には行っていないではないか」という批判につながるというわけです。

２０２１年7月11日にブランソン氏に先を越された後は、もっと念の入った批判が登場しています。ブルー・オリジン社が、両社の違いを表にまとめて示したのです（図表2、次ページ）。

「カルマンラインを越えているか？　ブルー・オリジン社YES、ヴァージン・ギャラクティック社NO」とか表にまとめてしまっているので、これをイケズと言わずして何と言いましょうか。加えて、「脱出システムを備えているか？」とか、「宇宙飛行の回数　ブルー・オリジン社15回、ヴァージン・ギャラクティック社3回」とかと比較しているので、これはもうケンカを売っているとしか見えない状況です。

図表2　サブオービタル旅行2社比較

	BLUE ORIGIN	GALACTIC
国際的に認められている、高度100kmのカルマンラインを越えたか?	はい	いいえ
搭乗機タイプ	ロケット	高高度飛行機
窓	最大級 107cm×71cm	飛行機サイズの窓
脱出システム	あり	なし
オゾン層への影響	極小	影響大
飛行回数	15回	3回
		www.BlueOrigin.com

出所：ブルー・オリジン社

ちなみに、ベゾス氏がブランソン氏よりもさらに先を越して日程を繰り上げる選択肢はあったと思います。しかし、7月20日は、アポロ11号の宇宙飛行士が、1969年に初めて月面に降り立った記念日でした。ベゾス氏は、この人類史上記念すべき日にこだわったのではないでしょうか。

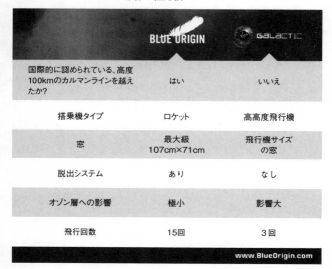

マスコミへの話題提供合戦

ブランソン氏とベゾス氏の攻防は、7月に両人が宇宙に飛ぶ前から、マスコミへの話題提供合戦とも呼べる戦いとしても繰り広げられていました。

まず、ブルー・オリジン社は、7月20日の搭乗席4席のうち1席分をオークションにかけることを発表しました。つまり最初の民間人のフライトを、セリによる落札で募集しようとし、このことがまたさらに話題を呼びました。

そして（途中の細かいプロセスは省いて）、5月20日のオークションで最終的に落札したのは、匿名の大金持ち。落札金額は、何と２８００万ドル（約39・2億円）。巨額の金額と、「匿名」という謎がまた様々な憶測を呼び話題となりました。

と、ここに殴り込みをかけてきたのが、リチャード・ブランソン氏で、ベゾス氏が飛ぶより前に次のフライトを実行すると発表しましたので、マスコミは大いに盛り上がりました。

ブランソン氏が宇宙に飛んだことを、「初の民間宇宙旅行」と呼んだりすることがありますが、実のところ何が「初」なのかははっきりしません。民間で初の宇宙飛行を成し遂げたのは、先述の通り[*6]スペースシップ・ワンです。そもそも5月時点で、ヴァージン・ギャラクティック社が、すでに3回目の宇宙飛行に成功しています。しいて言えば、ビリオネア宇宙ベンチャー経営者初旅行というのが、正しい理解でしょう。ただ、このフライトは、（事実関係とは別に）社会的に見て「初の民間宇宙旅行」と一般の人々がとらえたという点が重要なのであって、厳密性を追求するのは無粋ということなのでしょう。

一方、ブルー・オリジン社の方は、7月15日になって、最初に落札していた匿名の搭乗者が搭乗を先送りし、代わって18歳のオリバー・デーメン君が搭乗すると発表しました。弱冠18歳の宇宙飛行は、史上最年少記録となるため、こちらがまた話題を呼びました。

さらに、ブルー・オリジン社が10月13日に行った2回目のフライトでは、「スタートレック」でカーク船長を演じたウィリアム・シャトナー氏、ブルー・オリジンのエンジニアであるオードリー・パワーズ氏、NASAの元エンジニアであるクリス・ボシュイゼン氏、起業家のグレン・デフリース氏が搭乗しました。ウィリアム・シャトナー氏は、おなじみの俳優であることに加えて、90歳として当時史上最高齢で宇宙に行った人物としても話題を集めました。

月をめぐる争い

ベゾス氏とブランソン氏の先陣争いが激しさを増していた頃、実はもう一つのビリオネア同士の確執が火花を散らしていました。こちらのお相手は、ベゾス氏とマスク氏で、舞台は月です。

２０２０年に、ＮＡＳＡはアルテミス計画に用いる月着陸船の開発のため、スペースX社、ブルー・オリジン社、そして防衛企業のダイネティクス社の3社と研究開発契約を結びました。

当初は3社のうち2社が選定され、競争しながら開発を進める予定でしたが、２０２１年4月に、ＮＡＳＡは予算不足等を理由にスペースX社1社の落札とし、28・9億ドル（４０46億円）の単独契約を結ぶと発表しました。

これに怒ったのが、ブルー・オリジン社とダイネティクス社です。両社が米政府監査院（ＧＡＯ）に抗議したため、ＧＡＯの裁定を待つ間、スペースX社との開発契約は一時中断されました。

しかし結果的に、ＧＡＯはブルー・オリジン社からの抗議を却下し、ＮＡＳＡの企業選定は適正であったとの結論を下したのでした。

それでも引き下がらないベゾス氏は、すぐさま8月に、米連邦請求裁判所に対しＮＡＳＡを提訴しました。結局、２０２１年11月に、米連邦請求裁判所はＮＡＳＡの主張を認め、ブルー・オリジン社の敗訴を言い渡しました。そしてこの間、開発契約は中断されていましたので、ＮＡＳＡは、再び人類を月に送り込む計画を、２０２４年から２０２５年に延期せざるを得なくなったと言われます。

第六章で見るように、マスク氏もまた、裁判を利用してレガシー・スペース企業が持つ既得権を引きはがしていった経緯がありますので[*7]、ベゾス氏だけが裁判権を乱用しているような印象は誤りです。オカネ持ち同士の競争は、時に技術やビジネスの発展をもたらしますが、時にその停滞を招く危険性も孕《はら》んでいる、危ういバランスのなかで展開されているようです。

金持ちの道楽にとどまらない意義

ビリオネアの宇宙飛行については、批判的な意見も少なくないのも事実です。マイクロソフト社のビル・ゲイツ氏は、「地上でまだまだやらなくてはならない課題がたくさんあるのに、宇宙に行くなんて考えられない」と批判しています。また、英国王室ウィリアム王子もまた、同様の批判を公言しています。

しかし、新たなビジネスが勃興する時には、経営者または資本家の、時にハチャメチャな行動が未来をぐっと引き寄せることがあります。マスク氏、ブランソン氏、ベゾス氏らの破天荒な行動が、確実に宇宙ビジネスの歩みを先へ先へと進めていることもまた事実だと思います。

一般的に、資本集約度の高い新たな産業が勃興してくるためには、①巨額のリスク・マネー、②経営者の強いリーダーシップ、③失敗に対する関係者の許容が必要になると思います。こうした観点から見た時に、ここで見てきたビリオネアは、ともにこの3つの要素を体現していると言えるのではないでしょうか。

通常はリスク・マネーの提供者である資本家と、ベンチャー・ビジネスの経営者は別人物です。しかし、マスク氏、ブランソン氏、ベゾス氏らは、資本家と経営者を兼ねていました。この点が、単なる金持ちの道楽とは全く異なる点だと思います。彼らは自らリスクを取って、巨額の資金を提供し、不退転の研究開発を成し遂げ、宇宙に飛んだのです。

しかも、より重要な視点としては、彼らが徹底的に失敗を許容しながら資金とリーダーシップを絶やさなかったという点です。マスク氏も最初の3度の打ち上げ失敗を乗り越えましたし、ブランソン氏も、２００７年と２０１４年の死亡事故を乗り越えました。

宇宙ビジネスに失敗はつきもので、一定程度の失敗が許容されないと、産業の発展は望めません。そしてまた、この失敗の許容度が高いことが、官より民の宇宙開発が強いことの一つの理由でもあります。

このようにビリオネアの各人は、ここに挙げられなかった方々も含めて、それぞれの個性に応じて、新産業の勃興に多大な役割を果たしてくれています。そして彼らの存在そのものが、ニュー・スペースを軌道に乗せた、太い導線の一つであることは間違いありません。

＊1　「第一章　1・2　宇宙旅行ベンチャーの特徴比較　大きく違う宇宙旅行の実現方式」参照。
＊2　アイスペース社については、「第八章　8・4　我が国の宇宙ベンチャー列伝　宇宙資源開発」参照。
＊3　「第一章　1・1　『はじめに』解題　民間ベンチャーが月への貨物輸送を受注する」参照。
＊4　クリスチャン・ダベンポート著、黒輪篤嗣訳『宇宙の覇者　ベゾスvsマスク』新潮社等参照。
＊5　「第一章　1・2　宇宙旅行ベンチャーの特徴比較　大きく違う宇宙旅行の実現方式」参照。
＊6　「第二章　2・2　宇宙が舞台の賞金レース　民間で宇宙一番乗りを競ったアンサリ・Xプライズ」参照。
＊7　「第六章　6・3　事業領域の拡大——第三段階　ケンカという合意形成手法　ケンカ屋マスク氏のケンカ歴」参照。

第三章

3つの革新

3・1　ニュー・スペースとレガシー・スペース

政府主導から民間宇宙ベンチャー主導へと移り変わりつつあるこの時代の潮流を、「ニュー・スペース」と呼び、例えば、「ニュー・スペースの流れに乗って宇宙ベンチャーが台頭してきた」というような使われ方をします。また一方では、新たに台頭してきた宇宙ベンチャー企業そのものを指して、「スペースX社はニュー・スペースだ」などと使われることもあります。

「ニュー・スペース」という言葉は逆に、「レガシー・スペース」という言葉を生みました。こちらは、政府主導時代に官製需要を取り込んで大きくなった伝統的な巨大企業を指すことが多いようです。「ボーイング社とロッキード・マーチン社、ノースロップ・グラマン社は、三大レガシー・スペースだ」というような使い方をしたりします。

レガシー・スペースの時代には、米国においても、政軍産官の強固な護送船団が形成されていました。レガシー・スペース企業とは、一種の「政商」に近い存在だと認識いただければ分かりやすいかと思います。ニュー・スペースの宇宙ベンチャーは、この護送船団にもくさびを入れなければならなかったのです。ニュー・スペースとレガシー・スペースとの対決についていては、第六章でイーロン・マスク氏の戦いを通じて詳しく述べたいと思います。[*1]

このニュー・スペースを勢いづかせた「革新」として、3つの事項を挙げたいと思います。①ロケットのコスト破壊、②衛星コンステレーション革命、③分業の進展による「宇宙に行かない宇宙ビジネス」の躍進、です。

3・2　ロケットのコスト破壊

大型ロケット打ち上げ費用低減

ニュー・スペースがもたらした革新の一つに、宇宙輸送の低コスト化があります。

例えば、日本の主力ロケット「H2A」で衛星を打ち上げる場合は、1回の打ち上げに100億円くらいかかっていると言われます。一方、イーロン・マスク氏率いるスペースX社のファルコン9の打ち上げ料金は、公式サイトによると6700万ドル[*2]（93・8億円）です。

ファルコン9では、第六章で詳しく述べるように、[*3]第一段ロケットを再使用することができます。再使用した場合は、半額近くまでディスカウントできるとも言われています。さらに、相乗り契約の場合は100kgで55万ドル（7700万円）です。「相乗り」とは、メインの衛星を打ち上げるプロジェクトに便乗して、空きスペースに自分の小型衛星を相乗りさせてもらって、衛星を宇宙空間で放出してもらう方式です。

宇宙ベンチャーには、100億円は払えないが、55万ドル（7700万円）なら頑張れば支払い可能という企業が少なくないでしょう。事実、多くの衛星ベンチャーが、ファルコン9の相乗り契約を使って、衛星を軌道投入しています。スペースXは、民間ならではの様々な工夫を加えて、ロケット打ち上げ費用のコストの壁を打ち破ってきているのです。

小型ロケットによる打ち上げ費用低減

ニュー・スペースのロケット開発には、ファルコン9のような大型ロケットとは別に、小型ロケットを実用化して低コスト化を図ろうとする潮流があります。

現状で衛星ベンチャーが最も安価に衛星を打ち上げる方法は、大型ロケットによる「相乗り」を使う方法ですが、「相乗り」には、「軌道を選べない」という大きなデメリットがあります。

後述のように、地球周回軌道には様々な種類があって、衛星の用途によって選択されます（〈コラム：軌道には種類がある〉参照）。メインで打ち上げられる衛星を「主衛星」、相乗りさせてもらう衛星を「相乗り衛星」（あるいは「副衛星」）と呼びますが、投入される軌道を選ぶ権利を持っているのは主衛星です。従って、相乗り衛星は主衛星の軌道に準じた軌道しか選べません。

しかし、小型ロケットなら、コストを安くし、相乗りはせずに、一機一機、注文された軌道に投入することができます。小型ロケットの需要が生じる背景には、次節で述べる「衛星の小型化」も大きく影響しています。

ロケット・ラボ社の「エレクトロン」、アストラ社の「ロケット」、ヴァージン・オービット社の「ローンチャー・ワン」、ファイアフライ社の「アルファ」、レラティビティ・スペース社の「テラン1」、「テランR」などが開発されてきており、衛星打ち上げ契約で多くの実績を持つ企業も出てきています。

実績を上げた企業の例として、ニュージーランド発祥のロケット・ラボ社は、小型ロケットの雄と評されています。同社のエレクトロンは、2018年1月にニュージーランドの射場から最初の民間小型ロケット打ち上げに成功し、世界から注目を集めました。2021年

8月にはSPACという仕組み[*4]を使って、米国ナスダック市場に株式上場を果たしています。また日本でも、ホリエモン（堀江貴文氏）さんが出資していることでも有名な、インターステラテクノロジズ社の観測ロケット「MOMO」が連続して成功を収めています。

〈コラム：軌道には種類がある〉

軌道には種類があります。宇宙ビジネスでは、様々な軌道を使い分けてビジネスを実現しなければなりません。

高速で回る物体が、中心から離れていこうとする「遠心力」という言葉があります。人工衛星は、「重力」と「遠心力[*5]」とのバランスを取って、地球の周りを回り続けます。

「重力」は、地表に近いほど強く、地球から遠ざかるほどその力は弱まっていきます。従って、地球に近い軌道では、強い重力とバランスが取れる遠心力となるように、衛星は速く地球の周りを回らなければなりません。地表に近い、つまり低軌道の衛星ほど、地表からの見た目では速い速度で、天空を渡っていくことになります。

例えば、国際宇宙ステーション（略称：ISS）は、高度400㎞の低軌道（略称：LEO）で回り続けており、速度はおおよそ秒速7・8㎞、24時間に地球を16周しています。

衛星の高度を次第に上げていくと、地球の重力の影響が弱まるのと歩調を合わせて衛星の速度は遅くなり、ついには、地球の自転と同じ回転速度（24時間で地球を1周）で衛星が回る軌道に到達します。その時の速度は秒速3㎞、高度は3万6000㎞です。衛星が、地球の自転と同じ回転速度、回転方向（東向き）、赤道上空にあれば、地表面からは静止して見えます。これが「静止軌道（略称：GEO）」で、気象衛星や放送衛星の多くは、この軌道に投入される静止衛星です。

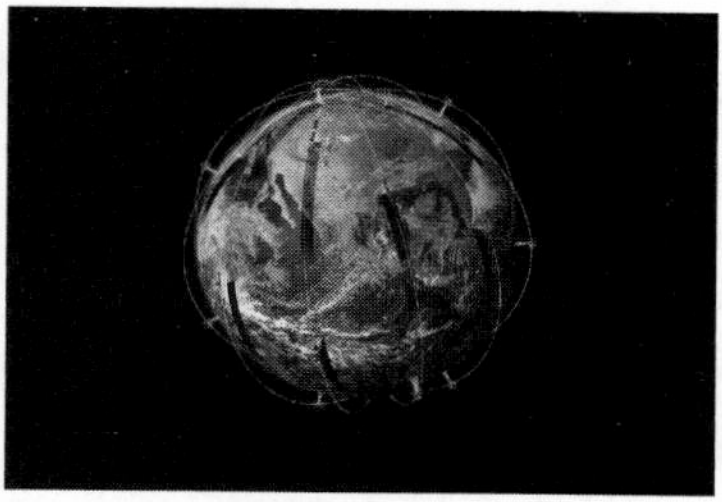

写真9　極軌道のイメージ図
© Synspective

高度だけでなく、地球を回る方向も併せて分類すると、南極と北極をつなぐ方向に縦に回る「極軌道」（**写真9**）や、「極軌道」のなかでも太陽の向きと同期して回る「太陽同期軌道」など様々あ……りますが、ここでは軌道には様々な種類があるという説明にとどめておきましょう。……

ユニークなロケット・ビジネス続々

ロケット・ラボ社は、非常に革新的な開発を次々と繰り出しています。例えば、主力ロケットの「エレクトロン」の第一段を再利用することで、一層のコスト・ダウンを実現しようとしていますが、小型ロケットの場合、帰りの十分な燃料を積めないので、ロケット噴射により着陸する方式は困難です。そこで同社は、パラシュートを使って海面で回収する方式を採用しているのですが、この方式も海水がロケット・タンクに浸入するといろいろな不具合が生じます。このため、パラシュートで降下中のロケットをヘリコプターを使って空中で釣り上げるという型破りな方式に（本書執筆時点では）挑戦中です。[*6]

また、同社が開発中の新型ロケット「ニュートロン」も非常にユニークです。

二段式のロケットは、一段の上に二段が乗っかるという具合に、縦方向に積まれて設計されるのが普通です。ところが「ニュートロン」は、一段ロケットの中に二段目が入っているという設計になっています。一段ロケットが大気圏を突破して宇宙空間に入ると、上部のフェアリングが開き、中から二段ロケットが出てくる構造になっています。このフェアリングは開くだけで切り離されません。二段ロケットを放出した後、一段ロケットはフェアリングを閉じてロケット・エンジンを噴射して地上まで戻ってきます。再利用ロケットなので、宇宙デブリの減少にも資する構造になっています。

さらに、2022年7月にNASAからの受注で行われた、月周回衛星「キャップストーン」のプロジェクトでは、同社の「フォトン」と呼ばれる新機構が注目されました。衛星の基部に、推進エンジンのついたフォトンという推進機構を付け、実質的にロケットの三段目の機構を兼ねさせました。月など遠くの軌道に正確に衛星を投入するために便利な機構です。加えて、7月の打ち上げ直後には、キャップストーン衛星が通信不能に陥り、任務の遂行が危ぶまれる事態に陥りました。この時、ロケット・ラボ社CEOのピーター・ベック氏は、既にキャップストーン衛星を切り離したフォトンが、キャップストーンの任務を代替しようかと提案しました。その後キャップストーンの通信が回復したため、幻の計画となりましたが、同社の技術力を見せつけたカッコイイ提案だったと思いませんか。同社は、次は金星に衛星を送り込む計画を推進していると言われています。

スピンローンチ社は、ロケットをぐるぐるとぶん回して、遠心力で放り上げることにより、ロケット・エンジンなしで宇宙に到達しようというユニークな宇宙ベンチャーです。202

1年10月には、初の実験で高度数十キロまで到達することに成功したと発表しています。また、2022年9月には7100万ドル（99・4億円）の資金調達に成功したと発表されていますが、いずれも詳細は明らかにされていません。

また気球による空中発射方式も研究されています。気象観測に使われる高高度気球を使って、高度20km超までロケットを上昇させ、そこから空中発射する方式で、ロケットとバルーンの合成語で、「ロックーン」と呼ばれます。

スペインのロケット・ベンチャーであるゼロ2インフィニティ社は、ヘリウム気球で高高度まで運んで、ロケット噴射する方式を開発中です。ロックーンのメリットの一つは、空気抵抗を重視せずに済む高度までロケットを上げられるため、ロケットの形状を自由に設計できる点にあります。同社の場合、輪切りにした玉ねぎに例えると、外側のリングから一段目、二段目と脱いで外れていくような構造になっていて、最後に中心部の衛星を放出するユニークな設計となっています。

我が国でもアストロX社が、ロックーンを活用したロケット発射を計画しています。

打ち上げ費用は歴史的に低下

打ち上げ費用低減の要因

「打ち上げ費用の低減」という時、この言葉に2通りの意味があることに気をつけなければなりません。一つ目はロケットで衛星を運んでもらう荷主の立場から、「打ち上げ1回当たりいくら支払わなければならないか」という意味での「打ち上げ価格」です。二つ目は、ロケット打ち上げ側の立場から、「ロケット1本を打ち上げる場合に必要になる費用」という意味での「打ち上げコスト」です。この2つは区別されずに議論されることがよくありますが、明確に異なるものです。

荷主の立場から見た場合、自身の衛星を軌道上に打ち上げてもらうために支払う金額を低く抑えることが重要です。そのために荷主が取る方法として、①衛星のサイズや質量を小さくして小型ロケットを活用する、②ほかの衛星と一緒にロケットに相乗りして支払金額をシェアする、③安いロケットを採用する、があります。

特に③の観点に注目してみます。図表3（次ページ）は、各国の様々なロケットについて、その1回当たりの打ち上げ価格を、実額でプロットした図です（ただし貨物1トン当たりの価

図表3　ロケット打ち上げ価格推移

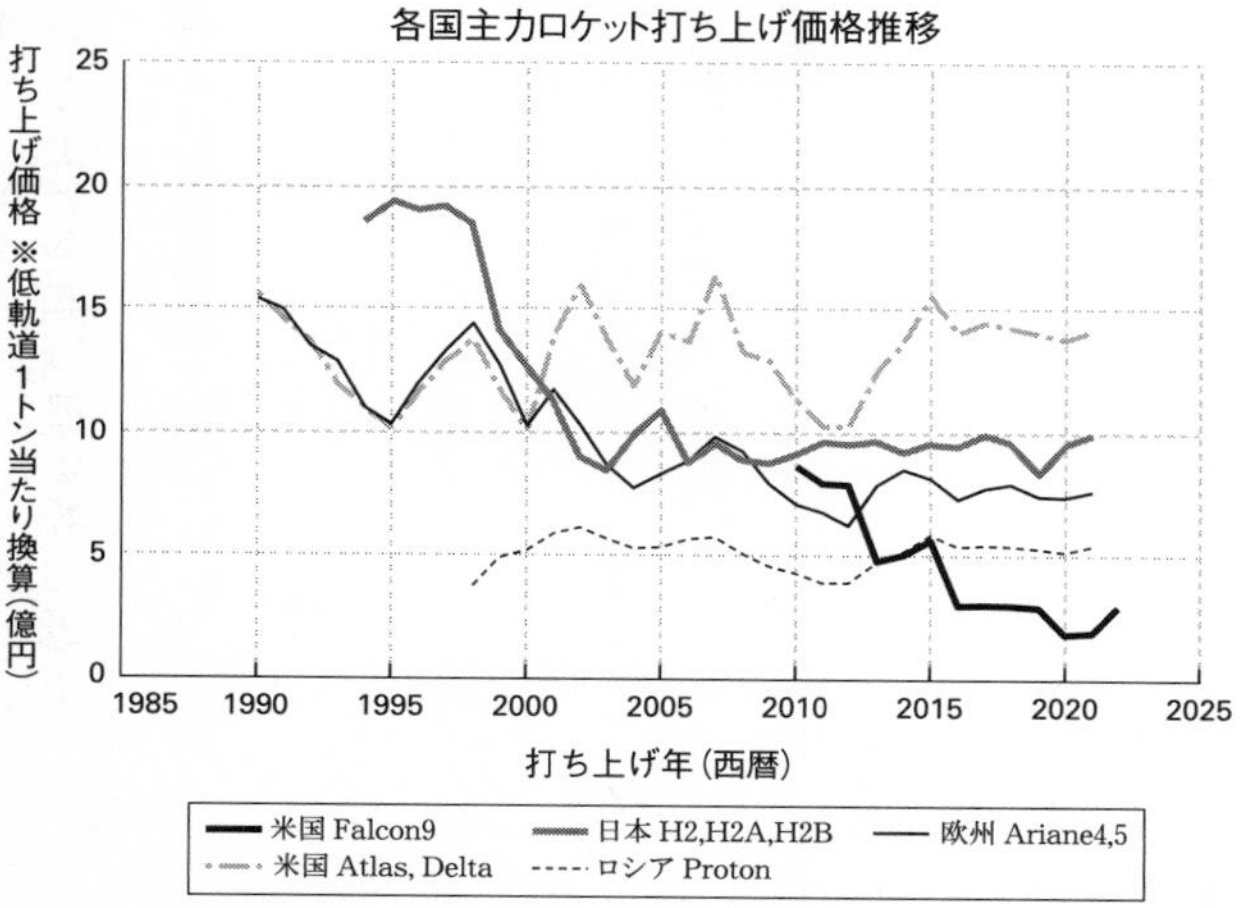

注：公的機関の発表価格、輸送事業者の公表価格、報道等による価格情報を集約し、入手できない年はその前後年の価格情報から補間し作成している。各ロケットの低軌道打ち上げ能力で除算することで、低軌道1トン当たりの打ち上げ価格を求め、各年の為替レートで換算し単位を「億円」としている。

出所：各種資料から筆者後藤作成。

格とし、各年の為替レートで円換算してそろえてあります）。

一見して分かるのは、ロシアのロケットが継続して安いということです。これは単純に、ロシアの人件費が低いことが大きく影響していると思われます。ロシアは旧ソ連の時代に国家戦略としてロケット技術に投資し高い技術力を得ましたが、その後、ソ連崩壊やロシア金融危機等によりルーブルのレートは比較的低く抑えられてきました。そのため、その高度なロケット技術と比べて宇宙産業に従事するエンジニア一人当たりに支払われる給料、すなわち人件費は国際的に低く抑えられていると考えられます。

ロケットの製造と打ち上げは、知識集約的な側面もありますが、同時に労働集約的な側面も持ちます。打ち上げまでには、すべての部品について、各種の試験とデータ整理、品質管理など膨大な業務をこなす必要があり、また、打ち上げ業務自体も多分に労働集約的ですので、人件費が低い国はこれらのコストを抑えられます。従って、③の手法として、ロシアのロケットを採用することは有効であり、実際に、ウクライナ侵攻が始まるまでは、ワンウェブ社など資金を節約したい宇宙ベンチャーは、ロシアのロケットを多用していました。

一方、ここまでご説明した荷主の立場からの「打ち上げ価格」の考え方は、ロケット事業者にとっては二次的な問題です（ここからの議論は多少複雑ですので、読み飛ばしていただいても結構です）。ロケット事業者は、打ち上げ1回当たりのコスト、さらに言えば1トンの貨物を特定軌道に運ぶためのコストを低減することが、自らの競争力を高める上で重要な関心事となります（これが「打ち上げコスト」の考え方です）。**図表4**（次ページ）では、各ロケットの打ち上げコストを積載能力（重量トン）で割って、1トン当たりの貨物を宇宙に運ぶためのコストを算出し、さらに「各国の一人当たりＧＤＰ」で割ってあります。従って、**図表**

図表4　ロケット打ち上げコスト推移

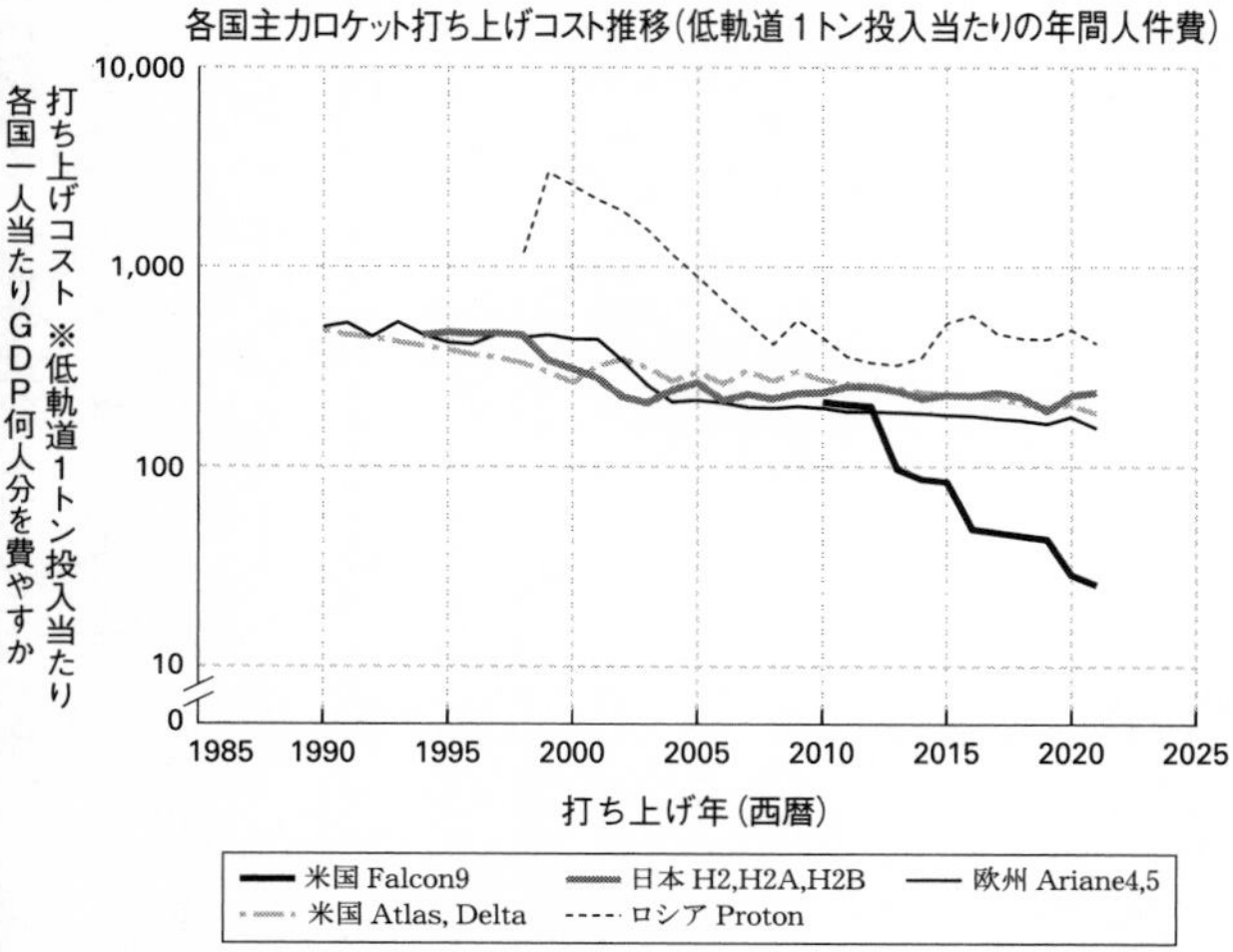

注：実額グラフを、各国（米国、ロシア、フランス、日本）の各年の一人当たりGDPで除算することで、それぞれの国の年間GDP何人分を投入すれば、低軌道に1トンの貨物を投入できるかを表している。

出所：各種資料から筆者後藤作成。

4に示されているのは、「各ロケットが1トンの貨物を宇宙に運ぶのに、一人当たりGDP何人分を必要とするか」です。こうした加工により、人件費の影響を排除して、技術革新によるコスト・ダウンを抽出することができるはずです。

図表4の結果を見ると、まず表面的には割安に見られたロシアのロケットは、技術的にはそれほど効率が高くないことが見て取れるでしょう。

各国のロケットの値が右肩下

がりになっている要因は、「④ロケットの労働集約部分の効率化」と「⑤ロケット大型化／積載効率向上によるコスト・ダウン」に負う部分が大きいと考えられます。打ち上げの経験を積むにしたがって、どの国も、点検や調整などの労働集約業務のうち、何は省いても問題ないか、何は省けないかなどのノウハウが蓄積し、コスト・ダウンにつながり、また、ロケットが大型化すると材料や誘導制御コンピュータのコストの割合が下がり、効率よく打ち上げ能力を発揮できます。

ところであらためて図表4を見ると、スペースX社のコスト・ダウンのスピードが際立っていますが、④と⑤を他のロケットよりドラスティックに改善したことに加えて「⑥再使用によるコスト・ダウン」が付加されているためと考えられます。

このスペースX社の取り組みは、各国の公的宇宙機関や他のロケット・ベンチャーに良い刺激を与えていると思います。現状で週に1回以上のペースで打ち上げを行っているスペースX社ですが、さらに打ち上げ頻度を増やし、中長期的に「⑦ロケットの量産」が実現すれば、打ち上げコストの価格破壊が一層進むものと期待されます。

ロケットの打ち上げ料金比較

各社の具体的な料金についても、できるだけ比較してみましょう。[*7] スペースX社のホームページを見てみると、ファルコン9ロケットの料金として2通りの料金が設定されています。自分の衛星が主衛星となるプライマリ契約の場合、打ち上げ料金は6700万ドル（93・8億円）です。他方、相乗りのライドシェア契約の場合は、27・5万ドル（3850万円）（50kgまで。以降1キロ増すごとに5500ドル〈77万円〉の追加料金）です。当然ながら、相乗り契約の方がぐっと安いわけですが、前述のように打ち上げ日時や軌道の選択権は、主衛星にありますので、相乗り衛星は受諾かキャンセルかを選ぶことになります。

一方、衛星側が投入軌道の選択に強いこだわりがある場合、（軌道の選択権がある契約同士で比較すると）小型ロケットの方が、打ち上げ料金をスペースXよりひとまわり安くすることが可能です。ロケット・ラボの場合800万ドル（11・2億円）くらい、また後発他社の場合、筆者小松が耳にした具体的なケースでは350万ドル（4・9億円）という安値までありました。

このように、全体的に大型ロケットより小型ロケットの方が安い傾向はあるものの、実は「ロケットの料金は、時と場合に依存して千変万化に変化する」というのが現実です。

ロケットの打ち上げに延期はつきもので、天候や機器の状況によって、頻繁に延期されます。他方、荷主の事情で、延期されることも起こります。このため、一定の期間の間に打ち上げるという契約にすることが多く、ロケット・ベンチャーは、この打ち上げ可能期間（別名ローンチ・ウィンドウ）のなかで、プライマリ荷主とすり合わせながら、打ち上げ日程を決めていきます。

相乗り衛星の荷主は、プライマリ荷主が決めた日程に従わざるを得ませんので、その打ち上げ日に合わせて衛星を納品しなければなりません。しかし、どうしても間に合わない場合、予定をキャンセルしなければなりません。スペースX社では、10％程度の追加料金を支払うことで、予定していたより後のローンチ・ウィンドウに移動してもらう契約もあります。

余談ですが、こうした面倒な調整が続くものだから、世界のロケット・ベンチャーと荷主との間に立って調整を請け負う、スペース・フライト社のような「代理店ビジネス」すら成り立っているほどです。

ロケット・ベンチャーの立場から見ると、ぎりぎりになって貨物に空きスペースが生じてしまった場合、バーゲン価格で衛星を輸送するということも起こります。

このように、一応料金表はあるものの、現実的には交渉を通じて価格が決まる余地の方が大きい印象があります（ウクライナ戦争を機にロシアの安いロケットが使えなくなったことで、最近、ロケットの打ち上げ価格が急速に上昇しています。執筆当時の料金と最近の実勢価格には乖《かい》離《り》が生じてきていることを念のためお断りしておきます）。

3・3　コンステレーション革命

小型衛星の台頭

従来、人工衛星といえばバスくらいの大きさで、重さも数トンを超えるのが相場でした。例えばおなじみの気象衛星「ひまわり8号」の場合、全長は約8m、重さ3・5トン、製造コストは約200億円でした。

これに対しニュー・スペースの世界では、重さ100kgから数10kgというような小型衛星が主流となってきています。大型衛星の製造コストは数百億円以上かかるのに対して、小型衛星の製造費は100分の1の数億円です。重さも数十分の一になりますので、打ち上げコストも格段に安くなります。小型だと、主衛星としてではなく相乗り衛星としてロケットに積み込むことができる場合も出てくるため、大型衛星の場合100億円かかっていた打ち上げコストが数億円で済むこともありえます。

一方、小型衛星は寿命が短いという難点があります。大型衛星の衛星寿命は15年程度であるのに対し、小型衛星は3年から5年が主流です。初めて聞いた方は、「ずいぶん短いなぁ」とか、「それじゃあ、後継機をどんどん打ち上げなくてはならなくなるじゃないの」という印象をお持ちのことでしょうが、その通りなのです。

衛星は、空気抵抗（低軌道の場合）や太陽や月の重力（静止軌道の場合）により軌道がずれてくるので、定期的に軌道を修正する必要があり、そのたびに燃料を消費します。衛星寿命とはこの燃料の量的限界です。たとえ衛星本体の撮影や通信、電源の機能が生きていても、燃料切れによる死が宿命づけられているわけです。

日本は小型衛星さきがけの国

ところで、小型衛星は、実は日本が開発のさきがけとなっています。

1998年11月、USSS（日米合同大学宇宙システムシンポジウム）のハワイでの会議で、スタンフォード大学のボブ・トィッグス先生がコーラ缶で衛星を作ろうと提案しました。

翌年の同会議で、今度は10㎝角立方体の「キューブサット」のコンセプトが提出され、東京大学の中須賀真一教授を中心とした学生グループが、2003年6月30日に初のキューブサット「XI－IV（サイフォー）」の打ち上げに成功し、世界の賞賛を受けました。中須賀研究室は、その後の日本の小型衛星ビジネスにも足跡を残し、第八章でご紹介するアクセルスペース社など、複数の日本の宇宙ベンチャーが、同研究室から輩出されました。

画期的な発明：衛星コンステレーション

小型衛星の商業利用では、多数の衛星を、同一または異質の軌道に投入し、互いに協調させながら、一定のミッション（任務）を遂行する「衛星コンステレーション[*8]」という運用形態を理解しておく必要があります。

ニュー・スペースの潮流のなかでは、むしろ低軌道を飛ぶ小型衛星コンステレーションが主流となっていますが、低軌道衛星は、宿命として地表に対して速い速度で移動してしまい

図表5　衛星コンステレーションのイメージ

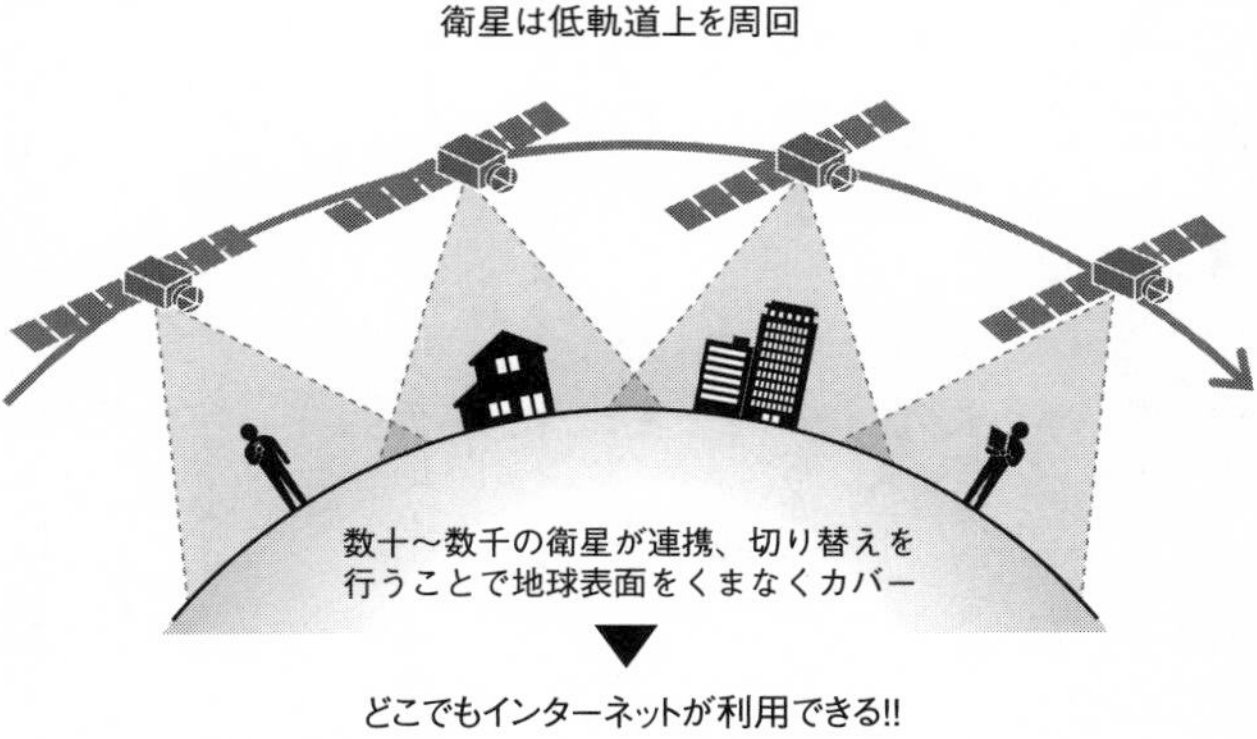
衛星は低軌道上を周回
数十〜数千の衛星が連携、切り替えを
行うことで地球表面をくまなくカバー
どこでもインターネットが利用できる!!

出所：https://www.planet-net.jp/blog/column0003/

ます。[*9]地上の一点を監視したり、常に頭上に待機していてくれたりすることができないデメリットを衛星の数で埋め合わそうと考えられたのが、「衛星コンステレーション」です。

例えば30基の衛星を低軌道に投入すれば、個々の衛星は移動し続けていても、(軌道の選び方によっては)20分に1度くらいの頻度で、衛星のうち1基が日本の上空を通過する、という状況を作り出すことができます。投入する衛星の数が増えれば通過頻度は高くなりますので、高コストな静止衛星と同等の成果を低コストで得ることができます。この「衛星コンステレーション」を、今、宇宙ベンチャーが果敢に利用しています。

２０２１年12月に株式公開したプラネット

社は、小型衛星から地球を撮影した衛星画像データを販売する企業です。2010年に創業した企業で、宇宙ベンチャーのなかでは既に老舗的存在です。現在約200機の衛星が稼働しており、軌道上に最も多くの光学衛星を持つ企業と言われています（図表5、前ページ）。

小型衛星コンステレーションの強みとは

小型衛星コンステレーションがメジャーとなった背景には、幾つかの要因が複合的に影響していると考えられます。①コストの低減（大量生産）、②技術的陳腐化を防ぎやすい、③地上をまんべんなくカバーできる、④サービス対象地域を柔軟に選択できる、⑤通信遅延が少ない、⑥安全保障上の耐性が高い、等です。

前節で、「寿命の短さ」を小型衛星の弱みとして挙げました。[*10] しかし、短命にはメリットもあります。次々と衛星を更新するために、①量産によるコスト低減だけでなく、②技術的陳腐化を防ぐ効果も発揮します。衛星寿命が尽きる3年から5年後には、新たな技術が発達し、置き換え衛星の性能がアップすることが多いためです。

また、静止軌道は赤道上空にしか存在しませんので、静止衛星は北極や南極に近い地域をカバーするのが苦手です。これに対して、小型衛星コンステレーションでは、例えば、北極と南極を結ぶ極軌道を選択すれば、地球が自転で少しずつずれていってくれるので、極域を含む地球全球をカバーできます。

加えて、静止衛星の場合、高い軌道から地上面を広くカバーしますので、例えば放送衛星が、入り組んだ国境に沿って電波を飛ばすということは難しく、自国を放送圏内に収めようとすると、隣国にも電波が飛んでしまいます。

しかし、小型衛星のコンステレーションでは、1基当たりがカバーする範囲が狭いため、隣国にはみ出さないでサービスをオン、オフすることがやりやすいメリットがあります。これが、④サービス対象地域を柔軟に選択できる、ということです。

さらに、高度が低い分だけ電波が進む距離が短く、通信遅延が少なくて済みます。

最後に、⑥安全保障上の耐性が高い、という項目は第四章で説明しますので[*11]、そちらをご参照ください。

以上のように、小型衛星コンステレーションは、それまで主流だった静止衛星を上回る数々の長所を持ち合わせています。衛星コンステレーションが、宇宙ベンチャー輩出を促した、革新的な技術であったということがお分かりいただけると思います。

3・4　宇宙に行かない宇宙ビジネスの躍進

「宇宙に行かない」というと、「そんなの宇宙ビジネスと言えるのか？」と反論されそうですが、どうしてどうして、立派な宇宙ビジネスが多数あり、ニュー・スペースがもたらした革新の三つ目です。例えば、衛星業者は衛星の開発・製造を行い、ロケット業者に衛星を渡して打ち上げてもらい、軌道上からデータの収集を行い、今度は地上設備業者のアンテナでデータを下ろします。そして衛星データ解析業者にデータを販売して、解析業者は解析結果を顧客に販売する、という具合に分業、連携が成立しています。この例では、地上設備業者と衛星データ解析業者は、宇宙に行かなくても宇宙に密接に関わるビジネスを展開していることになります。

ニュー・スペースは、宇宙ビジネスの分業をもたらしました。投資負担を節約でき、比較的起業が容易な「宇宙に行かない宇宙ビジネス」の躍進は、こうした分業、高度化の象徴と言えるでしょう。

衛星データ解析

衛星データ解析に特化するベンチャー企業として、2013年に設立されたオービタル・インサイト社があります。第一章でもご紹介した画像情報を分析した結果を顧客に販売している企業です。[*12]

同社は、世界中の2万以上の石油タンクを毎日モニタリングしています。石油タンクの蓋は、石油の液面に浮かべて封入していますので、蓋の高さは備蓄量に比例して上下に変わります。同社は、蓋の上にできるタンク壁の影の形から、石油貯蔵量を推定できるプログラムを開発しました。

皆さんは、「商品先物市場」という金融マーケットをご存じでしょうか。大豆やトウモロコシ、原油など、実需を伴う商品の将来価格に投資するマーケットで、主に巨大ファンドなどのプロの投資家が、巨額のマネーを運用する金融市場です。ここでは、大豆やトウモロコシなどの生育状況や、石油の在庫量などの情報が、高額で取引されます。オービタル・インサイト社は、ここに目を付け、石油の貯蔵量等の解析結果を、投資家、エネルギー企業、政府等に販売しています。

衛星解析業者としては、ほかにもスペースノウ社、RSメトリクス社、カイロス社、TREアルタミラ社、ウルサ社、オムニアース社、マップボックス社など多くの企業があります。

地上設備

衛星コンステレーションは、毎日膨大なデータを生成しますが、低軌道を回るコンステレーション衛星は、秒速8kmもの猛スピードで地球を周回し、短時間で地上のアンテナ上空を通過してしまうので、データを全部地上に下ろすのは容易ではありません。データを下ろすことを「ダウンリンク」と呼びますが、このダウンリンクも、「宇宙に行かない宇宙ビジネス」の一つです。

ダウンリンクの場合、通常は大規模なパラボラ・アンテナと地上基地局（以下、地上局）を整備するのがこれまでの定番でした。莫大な投資の要る設備産業です。ノルウェーのKSAT社、スウェーデンのSSC社などは、こうした大規模なパラボラ・アンテナと地上局を持っている大手企業です。コンステレーションの多くが、地球を南北に周回する極軌道を採用していますが、この極軌道は、原理上、南極と北極で軌道が密になります。北極に近い北欧諸国の立地は、地上局ビジネスにとっては競争優位となり、国家戦略として積極的に産業育成しています。[*13]

一方、大掛かりな地上局を持つのではなく、既存の地上局をネットワーク化して、衛星ベンチャーが手軽に使えるビジネスを編み上げようとする試みが、日本の宇宙ベンチャーによって展開されています。インフォステラ社は、様々な企業や機関が分散して所有しているアンテナなどの地上設備をネットワーク化することにより、「アンテナ・シェアリング」という新たなビジネスを創始しています。

「ステラ・ステーション」と呼ばれるアンテナ・シェアリングのための共有プラットフォームを開発し、ここにつなげば、分散所有されるアンテナをあたかも同一組織に属するように運用できます。地上設備は96％がアイドリングタイムと言われますので、地上局業者にとっても設備稼働率と収入を同時にアップできます。衛星業者にとっても、面倒な手続きを各国ごとに結んでアンテナを契約しなくても、「ステラ・ステーション」につなぐだけで簡便に世界中のアンテナを使用できます。インフォステラ社も、売上を伸ばすことができ、まさに三方一両得です。

スペースポート（宇宙港）

「スペースポート」とは、宇宙機の離発着を可能にする空港のことです。ヴァージン・ギャラクティック社やシエラ・スペース社が拠点とする米国ニューメキシコ州の「スペースポート・アメリカ」や、ヴァージン・オービット社が拠点とする、英国コーンウォールにある「スペースポート・コーンウォール」等が有名です。

我が国でも、スペースポートの計画が、次々と立ち上がっています。有名なところでは、北海道大樹町の「北海道スペースポート」、和歌山県串本町の「スペースポート紀伊」、大分空港、沖縄の下地島空港等があります。スペースポートは地域おこしにもつながるプロジェクトであるために、地方自治体も積極的に設立を検討する傾向にあり、今後も続々と新設案が挙がってきそうな情勢です。

既に、大分空港に対して、ヴァージン・オービット社とシエラ・スペース社がそれぞれ就航を予定していると報道されています。

ヴァージン・オービット社は、有人旅行のヴァージン・ギャラクティック社から分社独立したグループ会社です。空中発射方式のロケット「ローンチャー・ワン」で衛星を軌道に投入する貨物輸送会社です。特徴的なのは、我々も乗る旅客機「ボーイング747」の脇に同社のロケットを備え付け、空中発射して衛星を軌道投入します。既存の航空機に少し手を加えただけで使えるという点で、開発コストを大幅に軽減し、安価な衛星打ち上げビジネスを実現しようとしています。

シエラ・スペース社は、2021年にシエラ・ネバダ・コーポレーション社から分社した宇宙輸送会社です。同社の宇宙機「ドリーム・チェイサー」は、既にNASAと貨物輸送契約を結び、2023年にも貨物をISSに運ぶ予定です。スペースシャトルに似た有翼型ですが、ロケットの先端に据え付けて打ち上げられ、滑空して着陸します。2022年2月に大分空港と兼松コーポレーション社と共同で、同空港を着陸港として利用する基本合意書を締結しました。ドリーム・チェイサーは、当初は有人宇宙船として開発されていましたので、近い将来、大分空港を着陸港とした宇宙旅行が実現するかもしれません。

＊1　「第六章　6・3　事業領域の拡大——第三段階　ケンカという合意形成手法　ケンカ屋マスク氏の

ケンカ歴」参照。

＊2　2021年央の1ドル＝110円換算では、ファルコン9は73・7億円と価格差がありましたが、急激に進んだ円安により、日本の打ち上げ価格の競争力が高まった形となっています。

＊3　「第六章　6・2　COTSを通じて技術力を高め評価を確立するまで——第二段階　NASAをも凌ぐ技術を獲得できた理由　再使用によるコスト・ダウン」参照。

＊4　「第七章　7・1　米国発宇宙ベンチャー上場ブーム　2021年SPAC上場ブーム」参照。

＊5　一般読者の方々にも分かりやすいように、「遠心力」という言葉を使って軌道の説明をしておりますが、物理学的には不正確な誤った説明になっていることを付記しておきます。詳しくは専門書をご参照ください。

＊6　2022年11月4日にもヘリコプターによる回収を試みましたが、成功しませんでした。衛星の打ち上げは成功しました。

＊7　実際のビジネスでは、地表に近い低軌道から遠い静止軌道まで、どの高度の軌道にどれだけの重さのものを運ぶかによってコストが変わってきますので、表面的に1回の打ち上げ当たりで幾らという単純比較することは、本当はあまり意味がないことも念のため付記します。

＊8　コンステレーションとは星座を意味します。多くの衛星が協力し合ってミッションを遂行するため、こう呼ばれます。

＊9　「第三章〈コラム：軌道には種類がある〉」参照。

＊10　「第三章　3・3　コンステレーション革命　小型衛星の台頭」参照。

＊11　「第四章　4・8　安全保障ビジネス　スターリンクが見せたレジリエンス」参照。
＊12　「第一章　1・1　『はじめに』解題　投資ファンドの『お宝情報』」参照。
＊13　北欧諸国は、農業はもちろん他の産業立地としても不利な面が多いため、立地上で競争優位な基地局ビジネスを国を挙げて振興しています。国土は狭いものの、知的レベルと金融力に長けたルクセンブルクも、同様に宇宙ビジネスで競争優位を築いています。我が国も、国情に合わせて戦略的に産業政策を展開する国々に、大いに学ぶべきと考えます。

第四章

宇宙ビジネスの注目8分野

4・1　ロケット打ち上げビジネス

宇宙へのアクセスを安く頻繁に

宇宙ビジネスの最も基礎的なインフラは、宇宙へのアクセスを可能にするロケット・ビジネスです。ここでは、小型ロケット・ベンチャーのアストラ社（米国）を例に、今少し詳しく見ていきたいと思います。

アストラ社のロケットは、その名も「ロケット」です（写真10）。現在、「ロケット・スリー」という第三世代目のロケットを開発し、果敢に打ち上げを試みています。前評判の高かった同社ですが、残念ながら、本書執筆時点では、成功より失敗が多い状況です。２０１６年の創業で、２０２１年8月に株式上場しましたが、成果が上がらないためか株価も低迷し、２０２２年8月には宇宙ベンチャー初の上場廃止警告を受けています。

同社の２０２０年9月から２０２１年8月までの最初の3回の打ち上げは、すべて軌道投入に失敗しました。創業わずか4年でロケット打ち上げにまでこぎつけること自体が賞賛に

写真10　アストラ社のロケット

出所：https://sorabatake.jp/10915/

値しますが、やはりビジネスとしては、軌道投入に成功してくれないと心配です。事実、２０２１年８月に株式公開した直後の８月28日に第３回目の打ち上げに失敗した時には、同社の株価は大きく下落しました。

２０２１年11月の４回目打ち上げは、予定の軌道に達しましたが、疑似衛星しか搭載しておらず、商業的成功はお預け。２０２２年２月10日の５回目の打ち上げは、衛星格納部分の蓋である「フェアリング」がうまく開かず失敗でした。この時は、ＮＡＳＡの４機のキューブ・サット（小型衛星）が失われました。

そして、２０２２年３月15日に至り、アストラ社は、宇宙ベンチャーの衛星や学生グループの衛星など３機の軌道投入にようやく成功しました。

リスクを取ってくれる客を前提に果敢に挑戦

これまでの説明で読者の方は気づかれたと思いますが、アストラ社は、2020年9月から1年半ほどの期間に6回の打ち上げを試み、(4回目は除くとすれば) 6回目でようやく商業的に成功しています。短期間に何度も打ち上げを試みた背景に、同社の果敢な事業意欲を感じ取っていただけるでしょう。

特に、5回目の失敗から6回目の成功まで、わずか1か月あまりしか空いていません。会社が果敢に頑張ったことは高く評価するとしても、新産業の振興という観点からは、むしろ顧客の寛容さについて強調したいと思います。3月15日は結果的に成功したものの、このフライトに貨物を乗せていた荷主3者(ニアスペース・ローンチ社ほか)は、失敗してもおかしくない状況でリスクを取って衛星を搭載していることになるからです。

日本には「お客様は神様」という不文律がありますが、こと新産業の振興という観点からは、この不文律が発展を妨げる可能性があります。顧客に迷惑を掛けないことが絶対視されるあまり、改良や挑戦のスピードがそがれてしまうことが、国際競争力の低下につながっている面があるでしょう。

顧客に迷惑を掛けてはいけないという不文律が、金銭的な迷惑を掛けないという訓戒を超えて、「顧客に不快な思いをさせてはいけない」というような極端な運用に及んでしまっているために、顧客は一切リスクを取らないことが当たり前であるかのような風潮を生んでしまっているように思えてなりません。最近は打ち上げ保険という金融商品が一般化していますが、保険等で金銭的な損害が保証されるだけでなく、「顧客の非金銭的な迷惑も含めて、成功を保証しないと商業サービスを始めてはいけない」というような事態になると、明らかに新産業は発展しません。

一方米国では、打ち上げの失敗や遅延と、顧客との関係において一種の割り切りがあるように思われます。「打ち上げ失敗は残念だが、保険である程度カバーされるのだから、荷主もきちんとリスクを取ってほしい」とか、「打ち上げ失敗時の対処も含めて、荷主は契約書にサインしているのだから、当然、契約書に定めた以外の賠償[*1]をロケット・ベンチャーに求めない」という類の割り切りが、契約社会の米国にはあると考えます。

付随する論点として、保険会社は、新産業育成の時に重要な役割を果たすリスクの引き受け手である点も、特に強調しておきたいと思います。保険会社が介在することで、顧客がリスク・テイクしやすい素地がならされているという見方ができると思います。

日本のお客様重視の文化風土を全否定するものではありませんし、むしろ美徳とさえ思うのですが、こと新産業の育成という観点からは、顧客も一定のリスクを取るのが当然であると意識して社会を変革していくべきではないかと考えます。

NASAは12社のロケット・ベンチャーを育成

2022年1月、NASAは、VADR（Venture-Class Acquisition of Dedicated and Rideshare）というプログラムのなかで、12社の有力なロケット・ベンチャーおよび代理店を選定し、資金を提供していく契約を発表しました。12社のうち6社は、既に軌道到達に成功している企業で、アストラ社、ノースロップ・グラマン社、ロケット・ラボ社、スペースX社、ULA社、ヴァージン・オービット社が選ばれました。また、12社のうち4社は、数年以内に初号機を打ち上げるべく研究開発中の企業で、ABLスペース・システムズ社、ブルー・オリジン社、ファントム・スペース社、レラティビティ・スペース社が選ばれました。さらに、残る2社は、打ち上げ代理店のスペース・フライト社、L2ソリューションズ社が選ばれています。

これらのうち、打ち上げ未成功の企業では、現在果敢に研究開発が進められています。例えば、ABLスペース・システムズ社のロケット「RS1」は、1200万ドル（16・8億円）で1・35トンの貨物を低軌道に運ぶ計画です。ロッキード・マーチン社をキー顧客とし、次の10年間で58回の打ち上げをする契約を2021年に締結しました。現在アラスカで、初号機の打ち上げに向けた試験[*2]を繰り返しています。

前節で顧客や保険会社のリスク・テイクに触れましたが、NASAもまた、ロケット・ベンチャー育成のためのリスクを取っていると言えるでしょう。

〈コラム：宇宙ビジネスにおける「失敗」とは〉

例えばロケットの場合、無事打ち上れば成功、爆発したり、軌道をそれて指令破壊（人為的な自爆）に至れば失敗、というのが一般的な感覚でしょう。

もちろん、誰にとっても失敗はありがたいことではありませんが、「失敗」しても、次の成功につながる知見が得られる場合には、必ずしも失敗とはみなされないのが宇宙ビジネスに携わる者の感覚です。

あのスペースX社でさえ、最初の打ち上げ3回は「失敗」に終わっていますが、マスク氏は失敗に学びながら開発を継続し、今では世界一の打ち上げ事業者となりました。NASAは多くの新興ロケット・ベンチャーと契約を結んでいますが、1度や2度の「失敗」は許容しながら、契約を続行するはずです。

今後も宇宙産業が発展していく過程において、まだまだ多くの「失敗」が積み重ねられると思います。我が国では失敗に対する懲罰的な風潮が強い傾向があるため、表面的な成否ではなく、成功に向かって確実に進んでいるかどうかを厳しく吟味するような姿勢で見守ることが、重要であると考えます。

4・2　民間宇宙旅行

意外にもオービタルが先行した民間宇宙旅行

民間宇宙旅行といえば、日本人が真っ先に思い浮かべるのは、２０２１年12月に国際宇宙ステーション（ＩＳＳ）に滞在した前澤さんでしょう（写真11）。創業したＺＯＺＯ社（旧社名スタート・トゥデイ社）を２０１９年に売却したことを通じて、２４００億円を得たと言われます。そんな前澤さんですから、１００億〜１５０億円ともいわれる資金をかけて、ＩＳＳに行くのはたやすいのかもしれません。

写真 11　前澤友作氏

写真提供：代表撮影・タス＝共同

事前に「前澤友作に宇宙でやってほしい１００のこと」を一般から募集して、ＩＳＳから毎日のように配信してくれました。例えば、「ＩＳＳにお届け物！」として、ウーバー・イーツ社のキャップをかぶって、宇宙飛行士にボーナス・フード（通常の宇宙食以外に私的に持っていける食物）の缶詰をお届けしていました。缶詰は、サバ、牛丼、鳥タケノコ、豚の角煮だったそうです。ほかにも、ＩＳＳのトイレ事情について、小と大を詳しくレポートしてくれたり、微小重力空間で性欲がどうなるかとか、タブーを恐れずレポートしてくれました。投資家としての役割を果たしているとともに、万一死に至るリスクを取って、一般目線から楽しいレポートを送ってくれたことで、通常なら宇宙開発の話題などに振り向かないかもしれない一般層に、広く魅力を伝えられたと思います。

ところで、前澤さんのＩＳＳへの旅行は、オービタル宇宙旅行に分類されます。技術的には、サブオービタルよりもオービタルの方が難しいはずなのですが、意外にも歴史的には、民間人の宇宙旅行はオービタル旅行の方が先行しました。

米国のビリオネアであるデニス・チトー氏が、たまたま生じた宇宙船ソユーズの空席に2000万ドル（28億円）を支払って、２００１年にＩＳＳ滞在を実現しました。これが民間人初の宇宙旅行、かつオービタル旅行です。[*3]

ちなみに一般人として宇宙旅行を果たした最初の日本人は、ＴＢＳ社員の秋山豊寛さんで、１９９０年12月2日にソユーズ宇宙船に乗って、今はなきソ連の宇宙ステーション「ミール」に滞在しました。秋山さんは、ＴＢＳの創立40周年事業の「宇宙特派員」としてミールに派遣されました。

また、１９９８年に始まった「ペプシを飲んで宇宙へ行こう！」キャンペーンをご存じでしょうか。米国ゼグラム・スペース・ボヤージュ社が、２００１年初飛行のサブオービタル宇宙旅行に、日本の消費者５人をご招待という企画でした。渡航費用９・８万ドル（１３７

2万円）のうち、1000万円をペプシが補助するという内容でした。当時の為替レート1ドル130円程度を適用すると、自己負担300万円ほどで宇宙に行ける！　と応募した方も多かっただろうと想像されます。

結局2003年に機体が開発できないままゼグラム社の経営が悪化し、計画は無期限延期になったそうです。ちなみに日本の当選者5名には、補助金に当たる1000万円が支払われたということで、サブオービタル旅行は未実現に終わりました。

サブオービタル旅行は、1990年代から幾度も試みられましたが、結局実現したのは2021年7月でした。ゼグラム社以外にも、アルマジロ・エアロスペース社、ロケットプレーン・グローバル社、Xコア・エアロスペース社などが、主に資金上の理由から撤退しています。

このように、技術的に難しいはずのオービタル旅行が、歴史的には先行して達成されました。サブオービタル旅行は、まさに民間による民間のための宇宙旅行だったために、政府資本が中心だった旧来の宇宙開発のなかでは重視されてこなかったという見方もできるでしょう。

オービタルもサブオービタルも本格化はこれから

ここで、2021年に至って2社がサブオービタル旅行を実現できた理由を、もう一度考えてみましょう。

ヴァージン・ギャラクティック社とブルー・オリジン社は、ともに強力なリーダーシップを備えた経営者が、資金提供者を兼ねたという共通項があります。

投資家と経営者が分離している場合、死亡事故が起こったりすると、事業リスクに恐れをなした投資家が、追加投資を止めてしまうことが起こりかねません。サブオービタル旅行を実現した2社は、失敗しても諦めない経営者が投資家の役割を兼ねてもいたからこそ生き残りえたのだと考えられます。これらのサブオービタル旅行が実現したことは、真に民間による宇宙ビジネス時代が到来したことを告げる出来事だと言えるでしょう。

ナイショのおススメ宇宙気球旅行

ところで、ロケットではなく「成層圏気球」を使って宇宙に旅しようとする会社が何社も存在します。気象観測などに用いられていた超薄膜気球を大型化すると、高度30㎞ほどの成層圏に達します。

30㎞という高度は、厳密には「宇宙」ではありませんが[*4]、地球の丸みを十分に感じられ、「宇宙から地球を見ている」という感覚が味わえること請け合いです。

高度４００㎞を飛行するＩＳＳですら、地球全球を眺められませんので、成層圏気球からはＩＳＳと遜色ない地球の景色を見ることができます。

成層圏気球では無重力状態を味わえないことが、デメリットと言えるかもしれませんが、サブオービタル旅行では、せいぜい４分〜５分の無重力と地球の眺めしか楽しめないのに対し、成層圏気球では（設定にもよりますが）４時間から12時間眺めを楽しみながら一杯、なんてことも可能です。

加えて、ロケット噴射は、常に爆発のリスクがあるのに対し、成層圏気球は、複数の脱出手段を組み込めるなど死亡リスクをかなり軽減できます。

このようなことから、近い将来、宇宙気球旅行はかなりメジャーな事業分野になりうると考えられます。世界には、スペース・パースペクティブ社、ワールドビュー・エンタープライゼス社などが事業開始を表明しています。

写真 12　スペース・パースペクティブ社の成層圏気球

出所：https://spacenews.com/space-perspective-raises-40-million-for-stratospheric-ballooning-system/

　このうち、スペース・パースペクティブ社は、既に予約客を募集しています。日本では、HISが代理店となって2023年1月から予約客を募集中です。一人当たり12・5万ドル（1750万円）で、1回の乗客8人、乗員1人、6時間の気球旅行を2024年末に開始したいと表明しています（写真12）。[*5]

　これに対抗して、ワールドビュー・エンタープライゼス社は、一人当たり5万ドル（700万円）で、乗客8人、乗員2人、12時間の気球旅行を2024年初頭に開始したいと表明しています。しかし、価格や商業開始時期は、スペース・パースペクティブ社への対抗策である可能性があり、実現性を疑問視する向きもあります。

一方、日本の岩谷技研社は、乗客１人、乗員１人、４時間の気球旅行ながら、世界で最も早い２０２３年度中に商業運航を開始したいと表明しています。価格は、一人当たり２４００万円程度[*6]で、まもなく先行予約を開始したい意向です。

世界を日帰り出張P2P

「宇宙旅行」というより「宇宙出張」と言うべきビジネスが、P2P（ピー・ツー・ピー、日本語で「二地点間飛行」）です。東京からニューヨークに宇宙空間を通って飛行すると、わずか１時間程度で到着してしまうことが知られています。要は、大陸間弾道ミサイル[*7]に乗って出張するイメージです。

これを使えば、世界のどの都市にでも日帰り出張が可能となります。ただし、搭乗料金は極めて高いので、当面は超富裕層向けでしょう。

出張がてら地球の眺めも楽しめるわけですので、旅の手段としても将来は有望と考えられます。スペースX社が、新型宇宙船スターシップを活用したP２Pを研究中であるほか、欧州のリアクション・エンジン社がロケットよりも航空機に近いタイプのP２Pを開発中です。

サブオービタル旅行を開発中の日本の宇宙ベンチャー[*8]も、ビジネスをP2Pに転化することも可能なはずです。2022年創業の日本の宇宙ベンチャー、将来宇宙輸送システム社は、JAXAや複数の企業と協同してP2Pの実現を狙った宇宙輸送事業を計画中です。昭和初期の航空ビジネスは庶民から見ると高嶺《たかね》の花であったことを思い起こすと、将来は宇宙を通って海外に行くのが普通になることでしょう。

将来の旅行は宇宙エレベータ

将来は宇宙エレベータという宇宙旅行の選択肢があることをご存じの方も多いかもしれません。

静止軌道上に大型の宇宙ステーションを建造し、地球の自転と同期させて飛ばします。そこからカーボン・ナノチューブ製のケーブルを地上まで垂らして固定します。さらに釣り合いを保つために、ステーションから地上とは反対の宇宙空間に、倍の距離のケーブルを張って重りをつけます。これで宇宙ステーションは安定しますので、地上とステーションを結ぶケーブルにエレベータを取り付ければ、宇宙エレベータの完成です（図表6）。

図表６　宇宙エレベータ（概念図）

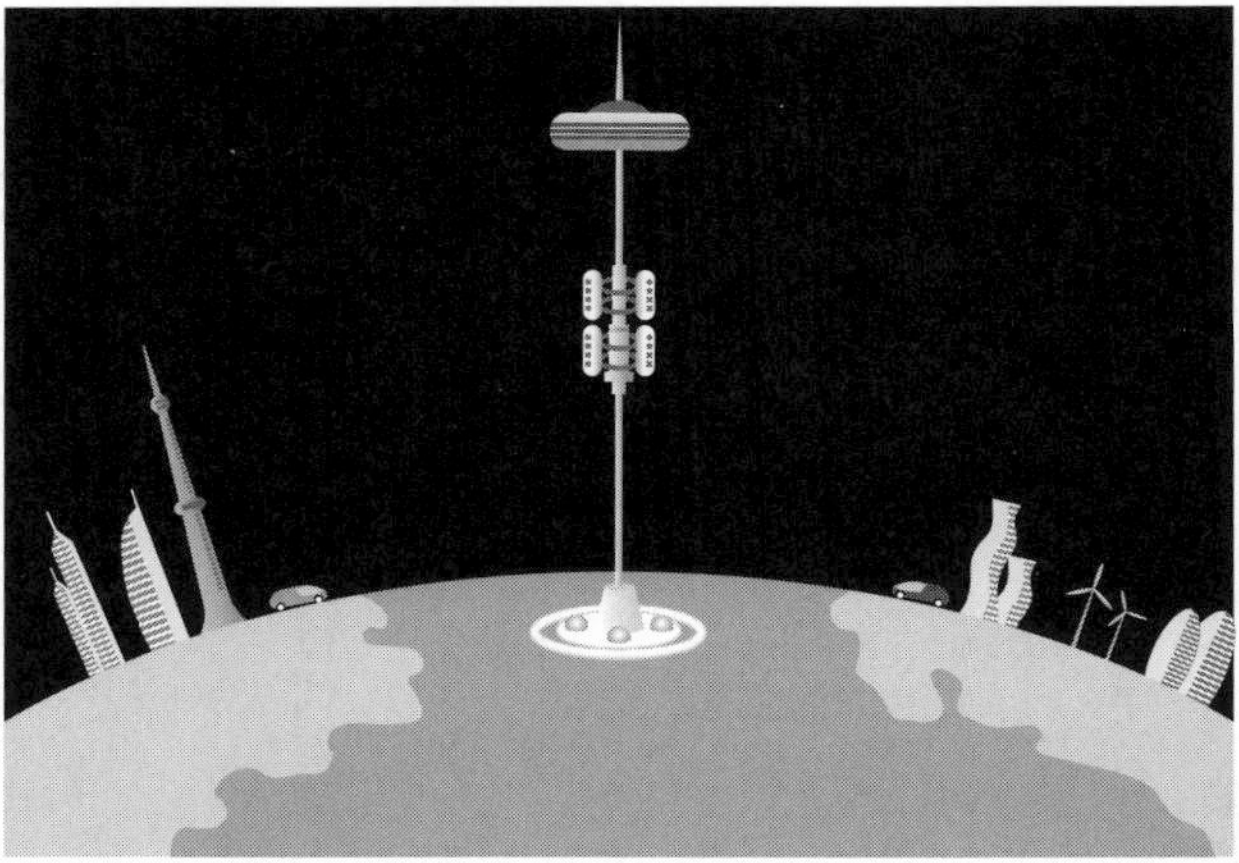

出所：https://miraisozo.mizuhobank.co.jp/future/80344

ロケットのように爆発力を伴う推進方式ではない分、安全に低コストでヒトやモノを運搬できると期待されています。日本では、建設会社の大林組が、専門部署を立ち上げて先進的な研究を進めています。

最大の課題は、ケーブルの材料として使うカーボン・ナノチューブを、約１００万キロメートルまで長く合成できていないことです。しかし、ナノチューブ合成技術に目処《めど》が付けば、すぐにでも建設に着手する企業が現れることでしょう。

余談ですが、宇宙エレベータが完成して、もしあなたが搭乗しても、静止軌道ステーションが近づくまでは無重力は体験できないので注意してください。[*9] その代わり、ステーション到着までの約36時間、爆発の心配もなく、青い地球の眺めをゆっくりと楽しみながら過ごせます。

あなたにもできる宇宙旅行代理店

さて、2021年12月の前澤さんISS滞在をアレンジしたのは、スペース・アドベンチャーズ社という宇宙旅行代理店会社です。同社は昔からソユーズ宇宙船を使って旅行代理店ビジネスを展開し、初の民間人デニス・チトー氏をはじめ、2001年から2009年の間に7人の民間人に対して8回の宇宙旅行を実現しています。

その後スペースシャトルの退役によって、ソユーズの空席がほとんどなくなりましたが、スペースX社のクルー・ドラゴン宇宙船が新たに加わり再び送客を開始したようです。

余談ですが、先ほど「7人の民間人に対して8回」と書きましたが、チャールズ・シモニー氏が2回ISSを訪れているので、こういう勘定になります。羨ましいですよね。

日本でも、クラブツーリズム社の子会社である、クラブツーリズム・スペースツアーズ社が、ヴァージン・ギャラクティック社の日本総代理店を務めています。

旅行代理店なら、あなたでも明日からでも始められる宇宙ビジネスと言えるのではないでしょうか。

宇宙旅行の価格はいくら？

宇宙旅行について、皆さんが特に関心を持っておられるのは、その価格ではないでしょうか。

まだ始まったばかりですので、定額料金を表明している宇宙ベンチャーは少数ですが、例えばヴァージン・ギャラクティック社は従来「25万ドル（３５００万円）」でしたが、２０２１年７月以降、「45万ドル（６３００万円）」に値上げしました。

一方、オービタル旅行の分野では、宇宙ステーション開発のアクシオム・スペース社が、一人当たり５５００万ドル（77億円）でＩＳＳに送客すると表明しているようです。

また、成層圏気球では、岩谷技研社が２４００万円程度、[*10] スペース・パースペクティブ社が12・５万ドル（１７５０万円）、[*11] ワールドビュー・エンタープライゼス社が５万ドル（７００万円）と表明しています。

ブルー・オリジン社の秀逸マーケティング

一方、ブルー・オリジン社は、本書執筆時点では未だに旅行価格を発表していません。しかし、２０２１年７月の最初のフライトでは、オークション方式を採用しました。オークションは、希少な座席を少しでも高く売るために行われたと解釈されがちですが、実はもう少し深いマーケティング戦略があったようです。

確かに、２０２１年７月の最高落札額は２８００万ドル（39・２億円）と破格でしたが、それ以上に、このオークションを通じて、ブルー・オリジン社が将来の有望顧客名簿を手に入れてしまったという点に着目する必要があります。加えて、各顧客の支払い余力や、ボリューム価格帯、地域別傾向等々の情報を、一気に集めてしまったはずです。しかも、営業活動などやることなしに、です。これ以上秀逸なマーケティング戦略もないというものでしょう。

このように、宇宙ベンチャーの経営者たちは、ビジネスで培われた知恵を存分に注《つ》ぎ込みながら、新たな産業を創出しようとしているのです。

４・３　通信コンステレーション

世界の隅々までインターネットを

注目分野の第三は、通信です。世界がネットで結ばれたといっても、未だインターネットに接続できない地域は多く、「デジタル・ディバイド」等の格差問題が生じています。

ＩＴ企業の売却で財を成したグレッグ・ワイラー氏は、ルワンダのデジタル・ディバイド問題を嘆いて２００７年にインターネットの恩恵に与《あずか》れない残り30億人の人々（Other 3 billion）のために、Ｏ３ｂネットワークス社というベンチャーを設立しました。ワイラー氏は、２０１６年に同社をルクセンブルクの衛星通信企業ＳＥＳ社に完全売却しましたが、それに先立つ２０１２年には、ほぼ目的を同じくするワンウェブ社を別途設立しました。

ワンウェブ社は、ソフトバンク・グループの孫社長が運営するファンドから、巨額の投資を受けたことでも有名です。２０２０年に一度倒産の危機に見舞われましたが、英国政府などが出資して救済し、現在は英国を代表する宇宙ベンチャーとして知られています。２０２

7年までに約4000機の小型通信衛星を打ち上げる計画です。

メガ・コンステレーション・ラッシュ

ワンウェブ社のほかにも、メガ・コンステレーション[*12]を構築しようという動きは数多くあります。インターネットの通信網を押さえた者は、世界的に絶大な影響力を持ちます。地上にケーブルを敷設しては採算が合わない地域でも、衛星コンステレーションを活用すれば、短期に安価に、世界インターネット通信網を築けます。

メガ通信コンステレーションの威力は、ウクライナ戦争の時にイーロン・マスク氏が見せた、魔法のようなエピソードを思い出していただければご納得いただけるでしょう。ロシアの攻撃で、首都キーウの放送局アンテナなどを破壊されたウクライナのフョードロフ副首相は、2022年2月26日にイーロン・マスク氏に助けを求めました。マスク氏は、既に2000機以上に達していたメガ通信コンステレーション「スターリンク」をウクライナに開放することを即決し、10時間後には開通を宣言しました。この通信手段の確保が、その後のウクライナ軍の善戦につながったことはご存じの通りです。

ことほど左様に、衛星通信網は絶大な影響力を持っていますので、今後期待される「モノのインターネット」である「ＩｏＴ」争奪戦も含めて、今世界中でし烈な覇権争いが行われています。

「スターリンク」は、最終的に4万2000機の衛星を打ち上げようとしており、現在のところ最大規模を誇っています。

ワンウェブ社も最終的には4万8000機の打ち上げを計画していますし、このほかにもアマゾン社の「カイパー計画」では3236機、ボーイング社が2956機、という具合に、まさしく「メガ・コンステレーション・ラッシュ」が始まっています。

4・4　リモートセンシング

光学衛星

衛星から地球を観測することを「リモートセンシング」と呼びます。リモートセンシングの最も分かりやすい例は、「グーグル・アース」で見られる衛星画像でしょう。おかげで、私たちは地球のどこでも手軽に拡大して観察することができます。

しかし、グーグル・アースの画像は、衛星の光学カメラ撮影データが使われるため、夜は写りませんし、雨や曇りの日も地上を写せません。晴れた昼間に、たまたま衛星が通りかからないと撮影できないため、更新頻度が低いという欠点が生じます。

2021年12月に株式公開した米国のプラネット社は、光学衛星運用の有力企業です。2010年に創業し、相乗りで安く衛星が打ち上げられる機会があるごとに、精力的に光学衛星を打ち上げ、200機もの軌道上衛星を保有し、撮影頻度を上げています。

光学衛星業者としては、ほかにもブラックスカイ・テクノロジー社、マクサー・テクノロジーズ社等、多数の企業が存在します。

夜でも曇りでも撮影可能なSAR衛星

前述のように、光学衛星では曇りの日や夜は撮影できませんが、合成開口レーダー（SAR）衛星という特殊な衛星は、曇りや夜間でも地上を撮影することができます。この技術で

写真13　QPS研究所社のSAR衛星

Ⓒ QPS研究所

は、マイクロ波を地上に向けて放射して、跳ね返ってきた波を分析して地上の画像を得ることができます。蝙蝠《こうもり》が超音波で獲物の位置を捉える原理と同じです。しかし、SAR衛星によって得られるデータを画像に変換するには専門の解析技術が必要で、かつ、レントゲン画像のような白黒SAR画像が得られても、そこから情報をうまく読み取るにはさらに特殊な読影技術が求められます。

もとは軍事技術で、最近まで、SAR衛星といえば大型の衛星が主流でした。しかし、SAR衛星の小型化、撮像に成功した企業が登場しました。フィンランドのアイサイ社、米国のカペラスペース社、日本のQPS研究所社（**写真13**）、日本のシンスペクティブ社などです。世界の主要4社のうち2社が日本の企業であることを見ても、日本がこの分野に強みを持つことが分かるでしょう。ウクライナ政府も2022年3月にSARデータ提供を日本企業に求めました。

4・5　民間宇宙ステーション

NASA認定の3つの民間宇宙ステーション計画

「第一章　1・1『はじめに』解題」で触れた事例[*13]以外として、NASAは、2021年12月に3つの民間宇宙ステーション計画を認定しました。

第一は、ナノラックス社が中心となって進める「スターラボ」で、1・6億ドル（224億円）を獲得しました。ほかに、ボイジャー・スペース社、ロッキード・マーチン社も合同チームに参画しています。

第二は、ブルー・オリジン社、ボーイング社、レッドワイヤー社、シエラ・スペース社の合同チームが進める「オービタル・リーフ」です。1・3億ドル（182億円）を獲得しま

写真14　ゲートウェイ・ファンデーション社の民間宇宙ステーション

出所：https://www.cnn.co.jp/fringe/35167426.html

した。

第三は、ノースロップ・グラマン社が１・２５６億ドル（約１７６億円）を獲得して進める宇宙ステーションです。同社が開発しているシグナス宇宙船やルナ・ゲートウェイ向け居住・補給モジュールの技術を発展させ、宇宙ステーションを建造しようとしています。

これらはＮＡＳＡが進めるＣＬＤ（Commercial Low Earth Orbit Destinations）という計画の一環で進められるものです。ＮＡＳＡは、ＩＳＳの退役を睨《にら》んで、民間商業宇宙ステーションに、円滑にその機能を引き継いでもらう目論見です。ＩＳＳは２０３０年までの継続運用が決まりましたが、２０２０年代後半に、後継ステーションに機能を引き継げるよう、新たな建造計画が進められています。

このほかにも、米国ゲートウェイ・ファンデーション社は、多数のスペース・ポートを備えた円形の「ボイジャー・ステーション」構想を発表し、オービタル・アセンブリ・コーポレーション社が建設する計画です（写真14、前ページ）。また、日本でもデジタル・ブラスト社が、①エンタメ空間、②居住スペース、③実験スペースの3区画から成る、独自の民間宇宙ステーション構想を発表しています。

トム・クルーズも宇宙撮影所で？

余談ではありますが、「宇宙撮影所」という企画もあります。スペース・エンターテインメント・エンタープライズ（SEE）社が、アクシオム・スペース社の宇宙ステーションに付属して、「SEE-1」という宇宙スタジオを設営する計画です。そこでは、映画や音楽シーンの撮影や、微小重力スポーツ・イベント等に広く場を提供する予定です。

ちなみにこのSEE社は、2023年にISSを舞台に撮影が開始されるトム・クルーズ氏の映画にも出資していますので、将来は「SEE-1」でトム・クルーズ氏が撮影、ということもありうるかもしれません。

　ＩＳＳで２０２３年に撮影される映画は、ユニバーサル・ピクチャーズ社が制作、ＮＡＳＡとスペースＸ社が協力しており、未詳ですが、ミッション：インポッシブル・シリーズではないそうです。船外活動の撮影も伴う可能性があるため、人類初の民間人宇宙遊泳は、トム・クルーズ氏が実現するかもしれませんね。

「宇宙空間での映画撮影」という点では、ロシアの監督と女優さんが、既に宇宙での撮影を敢行しています。２０２１年10月５日、クリム・シペンコ監督と女優のユリア・ペレシルド氏は、ロシアのソユーズ宇宙船で国際宇宙ステーション（ＩＳＳ）に到達、12日間映画を撮影し、地球に帰還しました。映画の題名は『ザ・チャレンジ』で、急病の宇宙飛行士を救うため、女性外科医が地上から派遣される……というような筋書きであるとか。ＣＧが高度に発達した映画業界にあって、生宇宙での撮影が、はてさてどんな出来栄えになるか楽しみなところです。

宇宙ステーションでの実験代理店

宇宙ステーションに関連した様々な付随ビジネスも存在しています。ＩＳＳでは、宇宙の微小重力環境を利用して様々な実験が行われています。例えば、メダカが微小重力環境でもきちんと産卵できるかの実験が、日本のＩＳＳモジュール「きぼう」（ＪＥＭ）において行われました。実験は、ＪＡＸＡや大学が主導して行う場合もありますが、民間企業の依頼を受けて有料で行われることも少なくありません。

また、ＩＳＳから小型衛星を発射して軌道投入することもあります。

そしてたまには、民間人の滞在を受け入れる、宇宙ホテルとしての役割を果たすこともあります。

このような様々な活動を対象に、民間企業とＩＳＳとの間を取り持つ代理店となる宇宙ベンチャーが複数存在しています。例えば、前澤さんのＩＳＳ滞在をアレンジしたスペース・アドベンチャーズ社も含まれます。また、前節の宇宙ステーション建造でご紹介したナノラックス社は、もとはＩＳＳでの実験を仲介する宇宙ベンチャーです。

ＩＳＳでは、医薬品向けのタンパク質の純結晶を生成する実験がよく行われます。地上では重力が影響するために、タンパク質の３次元構造をうまく合成できませんが、微小重力下ではきれいな純結晶が得られます。最近はバイオ・インフォマティクス（ＩＴ技術を応用した医療・医薬技術）が発達し、コンピュータで設計したタンパク質をＩＳＳで合成して地上に持ち帰り、実験に用いる例が増えています。日本でもペプチドリーム社が、「きぼう」を舞台にタンパク質合成を行っています。

さて、このように宇宙で実験をしたい企業があっても、実際に何から手をつけたらよいか当惑してしまうでしょう。そんな時に、ナノラックス社に相談すれば、打ち上げの手配からＩＳＳ内での実験の段取り、試料の持ち帰りまでをワンストップでアレンジしてくれます。２００９年に会社を設立して以来、これまでに１３００を超える実験装置や小型衛星をＩＳＳに送り込んでいます。

また、日本にも同様のサービスを提供してくれるスペースＢＤ社があります。詳しくは第八章で述べますが[*14]、ＩＳＳの「きぼう」からの小型衛星放出などのビジネスを積極的に進めています。

宇宙製造

宇宙ステーションで困ってしまう問題の一つに、「修理」があります。宇宙では、代用品のためにロケットを打ち上げて送ってもらうことを簡単に頼むわけにいきませんし、部品を予め大量にストックしておくわけにもいきません。

そこで威力を発揮するのが、「宇宙3Dプリンタ」です。メイド・イン・スペース社[*15]は2010年に設立され、2011年には落下する飛行機のなかで400回以上も微小重力環境を作り出し、宇宙で動作する3Dプリンタを開発したと聞きます。同社は2014年に無重力3DプリンタをISSに打ち上げて宇宙製造を開始しました。

宇宙での修理が可能になれば、現在デブリ化している衛星を軌道上で修理して再利用する道が拓かれます。これはデブリの減殺に経済的なインセンティブを与えるため、宇宙製造技術の進展は、宇宙環境の改善にも大いに資すると言われています。

そして2019年7月には、衛星向けの太陽光電源を宇宙空間で製造するための実証プロジェクトをNASAと約7400万ドル（約103億円）で契約しました。ノースロップ・グラマン社などとロボット衛星を共同開発し、将来的には小型衛星用の太陽光電源ユニットを宇宙空間で製造することを目指します。

このほか、「工場衛星」を打ち上げて、衛星内で製品を製造する試みも提案されています。スペース・タンゴ社、ヴァルダ・スペース・インダストリーズ社、英国スペース・フォージ社、我が国のエレベーションスペース社等が、「工場衛星」のビジネス・プランを表明しています。なかでもヴァルダ・スペース・インダストリーズ社は、2021年に4200万ドルを調達し、2023年の第一四半期に衛星を打ち上げ、軌道上で3か月製造実験を行った後、再突入カプセルに封入して地球に帰還させる計画です。同社には米国空軍も関心を示しており、今後取引が具体化される模様です。

4・6　軌道上サービス

多数の衛星や宇宙ステーションが軌道上に存在するようになると、衛星を修理したり、軌道を修正したり、燃料補給したり、そしてスペース・デブリ（宇宙ゴミ）を排除したりする「軌道上サービス」が拡大すると考えられます。

〈コラム：衛星寿命とスペース・デブリの脅威〉

スペース・デブリ（宇宙ゴミ）の脅威については、一般の方々でもご存じの方が増えているようです。地球近傍の宇宙空間には様々なスペース・デブリが飛び交っていて、事故が起き始めています。

10cm以上の大きさのスペース・デブリについては、米国NASAのシースポック（CSpOC）等の機関が番号を振って動きを追尾しています。欧州ではESA（欧州宇宙機関）も同様に監視を強めており、10cm以上のデブリの数が3万6500個、1mm〜1cmのデブリは1・3億個に達したと報告されています。[*16] たとえパチンコ玉大のデブリでも、秒速8kmにも達する速度で飛んでいるために、衝突した場合の破壊力はすさまじく、衛星に機能停止や爆発をもたらします。以前は、年に1度程度しか起こらなかった衛星の突然の機能停止が頻発してきているとも言われます。

皆さんは、『ゼロ・グラビティ』（英題Gravity）という映画[*17]をご覧になったことはあるでしょうか。描かれているのは、「ケスラー・シンドローム」といわれる現象で、小さなデブリが衛星に衝突して数百個ものデブリを生み出すと連鎖反応が起こり、大量のデブリが軌道面のすべての衛星を破壊しつくしてしまう現象です。もしそのような事態になったら、軌道面がデブリで覆われ、人類はロケットを打ち上げられなくなると言われています。

　我が国の経験でも、水俣病など目に余る弊害を起こしてようやく、公害が問題視されたように、宇宙の公害であるデブリ問題もこれまで後回しにされてきました。「誰がコストを負担するのか」が大問題だったからです。

　デブリの由来は様々です。大型ロケットの二段目は通常低軌道で切り離され、巨大な宇宙デブリとなります。また、寿命の尽きかけた低軌道衛星は、原則として自力で大気圏に移動して燃え尽きることになっています（静止衛星は、静止軌道の外側約３００キロメートルの「墓場軌道」に移動するルールです）。が、末期の衛星は燃料切れや故障でデブリ化する例が絶えません。

　前述のように[*18]、メガ・コンステレーションが増え、２０３０年までに単純合算で10万から20万機の衛星が打ち上がれば、デブリの脅威が急増すると考えられます。

写真 15　アストロスケール社の ELSA-d

©アストロスケールホールディングス

日本発スペース・デブリ除去ビジネス

デブリ除去をビジネス化するアストロスケールホールディングス社（以下、アストロスケール社）は、大蔵官僚出身の岡田光信氏が創業しました。詳しくは、第八章[*19]で述べますが、２０２１年3月に試験衛星「エルサｄ」（**写真15**）を打ち上げ、同年8月に軌道上で疑似デブリを捕まえる実験に成功しています。

同社の方式では、まず、衛星打ち上げ前に、デブリ化を想定してマグネット式のドッキング・プレートを予め衛星側に付けておきます。万一デブリ化した時は、同社のデブリ除去衛星が接近し、磁力でドッキングした後、高度を下げて大気圏で燃やします。マグネット方式を同社が特許で固めているために、競合他社は別の方法でデブリ除去を事業化しようとしています。

スイスのクリアスペース社は、欧州宇宙機関（ＥＳＡ）と契約を結び、ロボット・ハンドによるデブリ捕獲試験を２０２５年に予定しています。英国サリー大学は、銛《もり》と網を使い、２０１８年にデブリ除去に成功しましたが、商業化には至っていないようです。我が国の人工流れ星企業エール社は、除去衛星から伸ばしたテザー（ひも）を使った電磁誘導という力を使う方式、スカパーＪサット社は、レーザーを使う方式を採用しています。

衛星延命ビジネス

静止軌道を飛ぶ大型衛星の製造コストは、安いもので１００億円、高いものでは１千億円超と高額で、燃料切れまでの寿命は15年程度と言われます。[*20] 寿命を迎えても機能は生きている場合が多いので、燃料補給で延命できれば、新造するより安くつく可能性が浮上するわけです。ここに目を付けたのが、衛星延命サービスです。

15年前に作られた静止衛星に給油口などありませんので、燃料を一杯積んだ延命衛星が抱き付いて一体化し、延命衛星側の燃料を使って延命します。ちょうど、二人羽織のようなイメージです。

ノースロップ・グラマン社の子会社であるスペース・ロジスティクス社の延命衛星「MEV-1」は、2019年10月に打ち上げられ、2020年2月に墓場軌道上にあったインテルサット社の通信衛星「インテルサット901」に抱き付き、静止軌道に戻して機能再開させました。2021年4月には2機目の「MEV-2」が、別の通信衛星「インテルサット10-02」に抱き付くことに成功しました。

マクサー・テクノロジーズ社も、「スペース・ドローン」というロボット衛星を使って、既に1億ドル（140億円）の契約を結んだと報じられています。

我が国ではアストロスケール社が、イスラエルの宇宙ベンチャーであるエフェクティブ・スペース・ソリューションズ社を2020年に買収し、延命衛星「レキシー」の開発を進めています。

宇宙ガソリン・スタンドも夢じゃない

現在の衛星に給油口はありませんが、2025年にも、宇宙のガソリン・スタンドが実現する機運が高まっています。「ガソリン・スタンド」といっても燃料はガソリンではなく、

「ヒドラジン」という窒素と水素の化合物などです。米国のオービット・ファブ社は、軌道上燃料貯蔵庫（デポ）を開発し、アストロスケール社等と組んで、補給衛星が顧客衛星に燃料を出前して回ることを構想しています。２０２５年に静止衛星を対象として、ヒドラジン１００kgを２０００万ドル（28億円）で補給するサービスを始めると発表しています。

また、同社の給油口規格「ラフティ」(Rapidly Attachable Fluid Transfer Interface : RAFTI) を衛星に普及させることも目論んでいます。

４・７　宇宙資源開発

小惑星から月へ

第一章でご紹介した「小惑星丸ごとお持ち帰り計画」[*21]はインパクトのある計画でしたが、主導する２社の宇宙ベンチャー、プラネタリー・リソーシズ社とディープスペース・インダストリーズ社がともに買収され、現在は下火になっています。代わってアルテミス計画が具体化したことにより、宇宙資源開発の分野は、小惑星から月へと軸足が移った感があります。

月の水を求めて

月での資源の目玉は「水」です。月に水があることは、現在確定してはいませんが、月の南極にあるクレーターの縁、太陽光が当たらない「永久影」に、氷の形で存在するのでは、と言われています。「月の水」というと真っ先に「飲料水」としての利用が思い浮かぶと思いますが、それ以上に重要なのが「ロケット燃料」としての価値です。

アルテミス計画は、月自体の探査・開発というより火星に向けた前哨基地という意味合いが濃く、月の水を電気分解して得た液体水素と酸素を燃料として、重力が地球の6分の1である月面から火星に向かえば、格段にコスト削減ができると見込まれます。

第一章でもご説明した通り[*22]、アルテミス計画は、①NASA新型ロケット（SLS）およびオリオン宇宙船、開発、②商業月面輸送サービス（CLPS）、③月周回ステーション（ゲートウェイ）、④有人月着陸と探査の4本の柱から成り立っています。このうち、直接的に月の資源開発に関わるのは、②商業月面輸送サービス（CLPS）、および、④有人月着陸と探査です。

商業月面輸送サービス（ＣＬＰＳ）

商業月面輸送サービス（ＣＬＰＳ）では、グーグル・ルナ・Ｘプライズ（ＧＬＸＰ）の参加企業を含めて、以下の14社が応札資格を与えられています。

アストロボティック・テクノロジー社（ＧＬＸＰ参加企業）、ブルー・オリジン社、セレス・ロボティクス社、ディープ・スペース・システムズ社、ドレイパー研究所（ＧＬＸＰ参加のアイスペース社はこのチームに所属しています）、ファイアフライ・エアロスペース社、インテュアティブ・マシーンズ社、ロッキード・マーチン・スペース社、マステン・スペース・システムズ社、ムーン・エクスプレス社（ＧＬＸＰ参加企業）、オービット・ビヨンド社、シエラ・ネバダ・コーポレーション社、スペースＸ社、タイバック・ナノサテライト・システムズ社。

ＣＬＰＳでは、のべ20回を超える入札が予定されていますが、本書執筆時点で、８回の入札が行われ、インテュアティブ・マシーンズ社、アストロボティック・テクノロジー社、マステン・スペース・システムズ社、オービット・ビヨンド社、ドレイパー研究所が、落札しています。

現在落札されている受注はすべて実験機材などの運搬が目的で、2023年に予定されているインテュアティブ・マシーンズ社、またはアストロボティック・テクノロジー社のランダーには、我が国ダイモン社の極小型ローバーが積まれる予定です。[*23]

我が国のアイスペース社は、GLXPの際はローバーだけを開発して月を目指していましたが、現在はランダーとローバーの両方を開発してCLPSに応札しています。アポロ時代に何度も月面着陸を成功させた米国のドレイパー研究所とチームを組んで、2022年7月に初の落札[*24]を果たし、2025年にNASAとして初体験となる、月の裏側に実験機材を運ぶ任務を遂行する予定です。

〈コラム：我が国のUZUME（うずめ）構想〉

月で発見された巨大な縦孔と溶岩洞窟は、月基地の有力な候補地です。日本が、月周回衛星「かぐや」の観測データを元に発見しました。月には、地中をマグマが通過した跡がトンネルとなって残っており（溶岩洞窟または溶岩チューブ）、内部を基地にしようという「UZUME構想」が立ち上がっています。

大気のない月では、日向は110度、日陰はマイナス170度と厳しい環境です。しかし、溶岩洞窟内なら、温度はマイナス20度程度と一定に保たれます。また、降り注ぐ宇宙線（放射線）や隕石の破片等からも守ってくれます。このように、UZUME構想は、多くのメリットを擁した我が国発の基地構想と言えます。

現在、月基地は、複数の構想同士の陣取り合戦がじわりと進みつつあり、今後中国を含めて競争が激化すると予想されます。

4・8　安全保障ビジネス

ウクライナ戦争で周知された宇宙の有用性

最後にご紹介したいのが、安全保障分野のビジネスです。

先のロシアによるウクライナ侵攻の報道では、様々な衛星画像が使われました。キーウ郊外に、ロシア軍が64㎞にも及ぶ長い車列を作って待機している画像が、ネットやテレビの報道で繰り返し登場しました。この報道で使われたのは、マクサー・テクノロジーズ社（以下、マクサー社）という会社の光学衛星画像です。同社は１９５７年創業の伝統的衛星会社が、合併を繰り返しながら成長してきた企業です。ワールド・ヴューという衛星は、世界最高レベルの30㎝の高解像度を誇ると言われ、50を超える国に情報提供しています。

また、日本経済新聞社は、ウクライナ国境に近いベラルーシのプリピャチ川に、２月の中旬、軍事用の浮橋が一夜にしてかかったと報道しています。この報道は、カペラスペースが撮影したＳＡＲ衛星画像を、日本のスペースシフト社と日本経済新聞社が共同解析したと説明されています。

このように、軍事的な情報把握や情勢分析に、衛星画像はもはや欠かせない手段となっています。ここに挙げた例は、マスコミが軍事用の衛星画像を報道のために使った例ですが、各国の軍や安全保障関係機関は今や、積極的に民間から衛星画像やデータを買い付けています。もちろん各国軍は、自前の偵察衛星を軌道上に保有していますが、民間宇宙ベンチャーも活用することで、機能を補完したり、コストを節約したりしています。つまり、軍を含む安全保障機関は、宇宙ベンチャーにとっての上得意客になっているのです。

米国は、トランプ政権下の2019年に、米国陸・海・空軍から独立して組成された宇宙軍を創設しました。米国は、陸・海・空に加えて、サイバー空間と宇宙を新たな戦場ととらえており、こうした考えに基づいて宇宙軍が組織されました。

安全保障分野では、レガシー・スペースのロケット企業が、歴史的に軍の衛星の打ち上げを請け負ってきました。例えばULA社（ユナイテッド・ローンチ・アライアンス社）などがレガシー・スペースの例ですが、そこにスペースX社などニュー・スペース企業が割って入って、今では多くの軍事衛星の打ち上げを請け負っています。

加えて安全保障分野では、地球観測（偵察）衛星、気象衛星、通信衛星などの衛星が必要とされており、安全保障ニーズを当て込んで、様々な宇宙ベンチャーが生まれてきています。

例えば、アメリカ国家偵察局（NRO）は、2022年1月にSAR衛星を開発、保有する民間企業5社と、衛星データを供給するための試験契約を締結しました。その5社とは、エアバス社、カペラスペース社、アイサイ社、プレダサー社、アンブラ社です。

我が国においても、2021年度で約150億円の予算が、民間からの衛星画像の取得のために手当てされていました。防衛省もまた、既に民間からのデータ購入に前向きに転換しており、現在海外の衛星ベンチャーから買い付けている画像等のデータを、今後は国内衛星ベンチャーから買うように、ベンチャーの保護・育成に注力しています。

スターリンクが見せたレジリエンス

ところで、ロシアがウクライナへの侵攻を開始した2月24日に、ウクライナを含む欧州地域のインターネットを司《つかさど》っていたヴァイアサット社の通信衛星「KA-SAT」が突然機能不全に陥りました。安全保障の専門家の間では、ロシアによる何らかの攻撃があったとみなされているようです。というのも、現代の戦争形態は、まず先制攻撃として、サイバー攻撃と衛星攻撃を通じて敵国の情報収集能力や通信手段、インフラを断つハイブリッド型戦争が定石化しているからです。

軍事通信の分野は、これまで大型の軍事専用通信衛星が主流でしたが、近年、低軌道を飛ぶ小型通信衛星コンステレーションの評価が高まりつつあります。

イーロン・マスク氏が、「スターリンク」をウクライナで即時稼働させたことは述べました（写真16）。「KA-SAT」を機能不全に追い込めたであろうロシア軍が、他の衛星を機

写真16　スターリンクのアンテナを介してスマホで通信するウクライナの人々

出所：https://cepa.org/article/tech-to-the-rescue-helping-to-save-ukraine/

能不全に追い込めないわけはないはずですが、低軌道を飛ぶスターリンクは既に２０００機に達しており、これらをすべて機能停止に追い込むのは容易ではありません。つまり、通信網を破壊するのは容易ではないのです。

低軌道コンステレーションは、静止衛星よりカバー範囲が狭く、多数の衛星の打ち上げが必要でコスト・パフォーマンスが劣るとされて、これまで安全保障分野では過小評価されてきました。しかし、バックアップを含めてもせいぜい２機しかない静止衛星は、ソフトウェアや電波障害、ミサイル攻撃等により機能停止に追い込みやすいのに対し、数千の衛星から成る低軌道コンステレーションは、より機能停止させにくいのです。困難や脅威に対して柔軟に存続していく能力のことを、「レジリエンス」と呼びます。スターリンクは、図らずも低軌道コンステレーションは軍事通信でもレジリエンスが高いことを証明したように見えます。

ウクライナ戦争を受けて、今衛星運用業者の間では、ハード面とソフト面の両方でセキュリティの向上が急務となっています。データ通信の暗号化技術等も含めて、今後軍事通信の分野でも、ニュー・スペースの役割が増してきそうな状況です。

目覚ましい中国の躍進

宇宙開発における中国の躍進には目覚ましいものがあります。１９７０年に中国初の衛星である「東方紅1号」を「長征1号」ロケットで軌道投入した中国は、２００３年10月15日には有人宇宙飛行を実現し、２０１３年12月14日には嫦娥《じょうが》3号で世界で3番目の国として月に到達しました。その後、２０１９年1月3日には、嫦娥4号で世界中誰も成し遂げていない月の裏側に着陸するという離れ業に成功しました。

宇宙ステーションの分野でも、中国単独の宇宙ステーション「天宮（Tiangong)」の完成に向けて、２０２０年6月にはコアモジュールである「天和（Tianhe)」を打ち上げ、２０

２２年６月には３人の宇宙飛行士がステーションに滞在して帰還しました。そして、２０２２年10月の最後のモジュール打ち上げにより、年内に天宮は完成したとみられています。

このように技術躍進が目覚ましい中国の宇宙開発ですので、本来は国際協調し合いながらさらなる発展を目指したいところではありますが、欧米諸国の安全保障面から見た場合は手放しに喜んでばかりはいられない様相です。

米国が進めている月周回ステーションであるゲートウェイ構想や、これを含むアルテミス構想全体に、中国は参加しない姿勢です。水があるとされる月南極の永久影近傍に永続的な研究開発拠点を設営する構想も表明されています。

宇宙ビジネスの分野に限って考えても、今後、中国やロシアの宇宙開発は、欧米に対して「協調から競争へ」のトレンドに乗ってしまったことは確かでしょう。既にウクライナ戦争を契機に、ロシアは欧米の衛星打ち上げを拒否しています。中国やロシアは、今後安さを武器に、自国で打ち上げ能力を持たない国の衛星開発や打ち上げを請け負っていくでしょう。中国が途上国のインフラ整備を通じて影響力を高めたのと同様に、経済を含めた安全保障分野で、今後激しい競争が起こってくると考えられます。

＊1　損害賠償の相互放棄を約する条項を「クロス・ウェーバー条項」と言います。詳しくは、小塚荘一郎・佐藤雅彦編著『宇宙ビジネスのための宇宙ビジネス法』有斐閣、または小塚荘一郎・笹岡愛美編著『世界の宇宙ビジネス法』商事法務、参照。

＊2　2023年1月10日、ABLスペース・システムズ社のロケット「RS1」の初回打ち上げは、失敗に終わりました。

＊3　チトー氏は、妻のあきこさんと共に、スペースX社のスターシップで、前澤さんの次に月周回旅行に行く予定と、2022年10月に発表されました。羨ましいですね。

＊4　「第一章　1・2宇宙旅行ベンチャーの特徴比較」の中の「宇宙の定義」参照。

＊5　ホームページによれば、日本人の最初のフライトは、早くて2025年10月開始の模様です。https://www.qualita-travel.com/special/EdgeOfSpace/

＊6　執筆時点の価格で、今後変わる可能性があります。

＊7　そう言うと、ちょっとおっかないかもしれませんが、本当に弾道ミサイルにヒトが乗ると再突入時の加速度Gに耐えられないので、実際にはミサイルよりもう少し時間をかけて地上に降りてきます。

＊8　PDエアロスペース社やスペースウォーカー社等。「第八章　8・4我が国の宇宙ベンチャー列伝

＊9　宇宙旅行」参照。
＊10　宇宙エレベータで、軌道上ステーションが近づかないと無重力状態にならない詳しい原理は、物理書等をご参照ください。
＊11　執筆時点の価格で、今後変わる可能性があります。
HＩＳを通じて申し込む場合、ホームページには、手配料金として一人55万円が別途必要と書かれています。 https://www.qualita-travel.com/special/EdgeOfSpace/
＊12　数百から数千の衛星から成る大規模コンステレーションのことです。
＊13　「第一章　1・1『はじめに』解題　宇宙ホテルの試験機が軌道上を回る」参照。
＊14　「第八章　8・4　我が国の宇宙ベンチャー列伝　宇宙ステーション関連ビジネス」参照。
＊15　メイド・イン・スペース社は、２０２０年６月に、上場企業のレッドワイヤー社に買収されています。
＊16　https://www.esa.int/Space_Safety/Space_Debris/Space_debris_by_the_numbers
＊17　映画でのスペース・デブリの表現は、物理的には不正確な面があるのですが、デブリによる破壊の恐怖は、とてもよく描かれていました。
＊18　「第四章　4・3通信コンステレーション　メガ・コンステレーション・ラッシュ」参照。
＊19　「第八章　8・4我が国の宇宙ベンチャー列伝　軌道上サービス」参照。
＊20　衛星寿命に関しては、前節の〈コラム：衛星寿命とスペース・デブリの脅威〉参照。
＊21　プラネタリー・リソーシズ社は、２０１８年にコンセンシス社に、ディープスペース・インダストリーズ社は、２０１９年にブラッドフォード・スペース社に、それぞれ買収されました。

＊22 「第一章　1・1　『はじめに』解題　民間ベンチャーが月への貨物輸送を受注する」参照。
＊23 「第八章　動く日本　8・4　我が国の宇宙ベンチャー列伝　宇宙資源開発」参照。
＊24 「第八章　動く日本　8・4　我が国の宇宙ベンチャー列伝　宇宙資源開発」参照。

第五章

政府事業から民間商業へ

政府から宇宙ベンチャーへ、ニュー・スペースの潮流を作ってきた契機は、第二章の「3つの導線」でご説明した①賞金レース、②ビリオネアの参入、③NASAによる宇宙ベンチャー育成プログラム「COTS」でした。そして、第二章では、③のご説明を先送りしましたが、本章では、先送りした最後の導線「COTS」について詳しく見ていきたいと思います。

「COTS」は、NASAが実施した民間商業ベンチャー育成とも言えるプロジェクトです。「COTS」を、経済学・経営学の観点から見ると様々な教訓が浮かび上がります。ただその前に、COTSにつながるスペースシャトルの退役の話から始めましょう。

5・1 どうしてスペースシャトルは廃止されたのか

2004年に決まっていた2011年退役

「宇宙開発」という言葉を聞く時に、多くの皆さんの頭に今でも浮かぶイメージは、スペースシャトルの姿なのではないでしょうか（写真17）。スペースシャトルは、まさにNASAの宇宙開発の代名詞的存在でした。しかしそうしたスペースシャトルも、2011年7月21日、アトランティス号のミッション（任務）を最後に幕を閉じました。多くの皆さんは、「どうしてスペースシャトルが急に打ち切りになってしまったのだろう?」と素朴な疑問を抱かれているのではないでしょうか。

そもそもスペースシャトルの退役は、急に決まったことではありません。最後の任務は2011年ですが、実はそれに大きく先立つ2004年には、既に退役の方針が定まっていました。

写真17　スペースシャトル

写真：NASA

決定的な契機となったのは、2003年2月1日のコロンビア号の空中分解事故です。打ち上げ時に燃料タンクからはがれた断熱材が、コロンビア号の翼に当たって損傷を与えましたが、NASAは気づかずに大気圏に再突入させました。この時、翼に空いた穴からコロンビア号の内部に熱が侵入し、シャトルは空中で焼滅してしまったのです。この悲惨な事故により、シャトルの安全性に大きな疑問符がつき、2004年には退役の方針が決まりました。

それでもすぐに退役できなかったのは、建造途中だった国際宇宙ステーション（ISS）への輸送手段が確保できなかったためです。そのため、ISSが完成した2011年を以て、スペースシャトルは退役となりました。

安全性以外にも、「想定以上にコストがかさんだこと」が大きな問題でした。スペースシャトルについては、打ち上げコストの大幅な削減のために、ロケットを再使用しよう、というのがそもそもの開発コンセプトでした。しかし、実際に運用してみると、当初のコンセプトは次々と裏切られます。

スペースシャトルの歴史は、始めから終わりまで耐熱との戦いでした。2万5千枚の耐熱タイルに番号を振って、履歴を管理し、飛行ごとにひとつひとつ目視点検して手作業で交換するなど綿密な管理をしたために、再使用しても運用コストが跳ね上がりました。コスト削減の成果を出せないばかりか、安全性にも大きな疑問符がついたため、当時のブッシュ大統領は、ISSの建設完了を以て、退役することを決定しました。

民間に活路を求める

しかし、シャトルの代替手段確保は依然として問題でした。そこで登場するのが、「シャトルの役割を民間に委託する」という発想です。

単純に考えれば、巨大レガシー・スペース企業に発注すれば、容易に問題解決できそうな感じもします。しかし、レガシー・スペース企業は、「コスト・プラス契約」というような、優遇された契約条件にどっぷりとつかっていました。経済学的に非効率な契約に慣れた企業では、たとえ大企業であっても、民間商業宇宙産業を競争原理の働く効率的な産業として育成するためには、良きパートナーとは言えない状況でした。

こうした中途半端な状況のなかでＮＡＳＡは、画期的な民間活用事業を創始しました。それが、一般的にはあまりよく知られていない「ＣＯＴＳ（コッツ）」と呼ばれる事業です。

5・2　どうして突然ベンチャー企業が宇宙に進出したのか

C3POと言ってもスター・ウォーズじゃない

COTS（Commercial Orbital Transportation Services、商業軌道輸送サービス）は、民間企業による国際宇宙ステーション（ISS）への人と貨物の輸送サービスを開発する事業で、2006年に発表されました。公募には20ほどの提案が寄せられ、最終的に2社が選定されました。そして、この2社のうちの1社が、「スペースX社」でした。

COTSは、C3POと呼ばれる機関が管掌する3つの計画の一つとして位置づけられているものです。C3POというと、スター・ウォーズに登場する人型ロボットを想像しますが、Commercial Crew and Cargo Program Office の略です。このC3POは、①COTS、②CRS、③CCDevの3つの民間活用プログラムを管掌しました。

このうち、②CRS（Commercial Resupply Services）は貨物をISSに運ぶためのNASAとの本契約であり、③CCDev（Commercial Crew Development）は宇宙飛行士をISS

に運ぶための有人宇宙機の開発を行う契約です。②CRSを「ISSに貨物を運ぶ本契約」、③CCDevを「ISSに宇宙飛行士を運ぶ開発契約」と位置づけ、①COTSをその前段階の試用契約と位置づけると、3社の関係がよりよく分かっていただけると思います。

つまり、まず試用契約であるCOTSで民間企業を選出し、それらの企業を育て上げて、ISSへの貨物輸送本契約であるCRSと、CCDevにつなぐ。これらが完結することによって、スペースシャトルが退役しても、円滑に民間企業に低軌道輸送を発注することができるようになる。これが、当時NASAが描いていた将来像であると考えられます。

3つの導線の最後の一つ

そして、2006年、COTSの採用企業として、スペースX社とロケットプレーン・キスラー社の2社が選ばれます。このうちロケットプレーン・キスラー社は2007年9月に資金調達がうまくいかず、COTS契約から脱落しました。これを補うためにCOTSの第2ラウンドで、オービタル・サイエンシズ社が、新たに選定[*1]されました。そして、2012年5月にスペースX社のドラゴン貨物船がISSとのドッキングに成功し、2013年10月にオービタル・サイエンシズ社のシグナス補給船がドッキングを果たしたことにより、COTSは成功裡に終結しました。

一方、有人輸送の分野は、大きく出遅れました。スペースX社とボーイング社が選出されたのですが、スペースX社の「クルー・ドラゴン」は、2020年5月にISSへの有人輸送に成功しましたが、ボーイング社の「スターライナー」は、本書執筆時点でも未だに有人輸送に成功していません。貨物と比べて有人輸送は高度な安全性が要求されるため、技術的にも非常に難しい分野です。

しかしそれを考慮しても、2011年7月から2020年5月まで、実に9年もの間、米国は自国での宇宙飛行士の輸送手段を欠いていたことになります。この間米国は、もっぱらロシアのソユーズ宇宙船に頼らざるを得なかったのです。ロシアは、一度確立した技術を変えずに確実性を高めていく傾向があり、米国のように、アポロ→スペースシャトル→ニュー・スペースと、大きく輸送手段を変えるような選択をしませんでした。その結果、ソユーズ宇宙船は信頼性の極めて高い輸送手段となり、おかげでISSプログラムは途切れなく続くことができました。

5・3　経営学的な観点から考えるCOTSの3つの意義

COTSを経営学や経済学の観点からとらえ直すと、重要な意義が少なくとも3つあったと考えられます。第一が有効需要の民間開放策としての意義、第二が教育・技術移転プログラムとしての意義、第三が宇宙開発分野に商業取引標準の導入を果たした意義です。以下、順を追って検討していきましょう。

①有効需要民間開放策としてのCOTS

スペースシャトルとフーバーダム

「有効需要」とは経済学の用語です。有効需要創出策として有名なのが、米国フーバーダムの例です。1929年、米国は「大恐慌」と呼ばれた不況のどん底にあり、打開策として、フーバーダムの建設をニューディール政策の一環として実施することとしました。ダムには、大量の労働力とセメントが必要です。ダム工事は多くの雇用を生み、またセメント生産の活性化をもたらしました。こうしてダムの公共投資が、賃金という形で分配され、労働者がパンや衣服や車を買って消費することを通じて、経済全体が活性化した結果、米国は大恐慌から脱することができました。キャンプ・ファイヤーを焚《た》く時に、まず種火となる着火剤に火を付けますよね。この着火剤に当たるのが、有効需要創出策としてのフーバーダムだったわけです。

このように見れば、COTSが一種の有効需要創出策となった、という考え方はご理解いただけるでしょう。スペースシャトルの代替手段を民間に求めることは、有効需要を民間開放し、NASAは新たな産業を育てようとしたのです。

有効需要が民間リスク・マネーを呼ぶ

COTSを通じて有効需要を享受できる宇宙ベンチャーが決まると、リスク・マネー（事業リスクを負担できる民間投資資金）が自然に流れ込んでくることになります。

COTSに続く本契約であるCRSでは、NASAからスペースX社に対して、最大12回、16億ドル（2240億円）、オービタル・サイエンシズ社に対して9回、19億ドル（2660億円）の貨物輸送が発注されることになっていました。政府機関が契約して発注するわけですから、確実な売上が保証されていることを意味しますので、投資家はリスク・ヘッジしながら投資を実行することができるのです。

ここで重要なことは、政府の補助金は思われているほど有効ではないということです。産業振興というと、ベンチャー振興の補助金制度が定番ですが、ベンチャー企業が補助金をもらっても、売上を創る活動に費消してしまって、結局は行き詰まることが多いものです。

一方、有効需要が獲得できれば、リスク・マネーが民間から供給され、結局は補助金と同じ役割を果たします。政府は有効需要を民間開放するだけで、補助金は民間が負担してくれることになります。米国政府は、「シャトルの運搬機能を代行する権利」という非貨幣的な権利を宇宙ベンチャーに移転しただけで、補助金を節約できたという考え方もできるでしょう。

アンカーテナンシー

こうした有効需要に対する政策は、近年「アンカーテナンシー政策」と呼ばれるようになりました。新産業振興のために、政府機関等が長期にわたって継続的に民間ベンチャー企業に業務を発注する契約のことを「アンカーテナンシー」と呼びます。ＣＯＴＳは、まさにこのアンカーテナンシー政策を先取りした事業であったことがお分かりいただけるでしょう。

重要なことは、「長期にわたって継続的に」有効需要が供給されることです。我が国は先進国の中でも「単年度予算主義」の縛りが強く、複数年度にわたる継続的な予算確保が難しい風潮が続いていました。しかし、最近では日本でも、アンカーテナンシー契約が実現されました。例えば、デブリ化したＪＡＸＡのＨ２ロケットの上段を、数年越しで軌道から廃棄するためのプロジェクト「ＡＤＲＡＳ-Ｊ」などは、アンカーテナンシー契約の例と言えるでしょう。

②教育・技術移転プログラムとしてのCOTS

マイルストーン方式で宇宙ベンチャーを育成

ＣＯＴＳ事業は、基本的にマイルストーン方式で進められました。マイルストーン方式とは、予め定められた宿題を解決したら次の段階に進む、という具合に、マイルストーンをクリアしながら段階的に技術力を高めていく契約方式を指します。

例えば、２００６年６月26日にＮＡＳＡとスペースＸ社が締結したＣＯＴＳ契約には、全部で19のマイルストーンが設定されています。最初は、２００６年9月までに、プロジェクト管理計画書を提出することが課されており、達成できたら２３１３万ドル（約32・4億円）が支払われます。第二は、２００６年11月までに、システム要求仕様書を提出することが課されており、達成できたら５００万ドル（7億円）が支払われます。

そしてなかには、資金調達に関する宿題も課されています。必要な資金調達を手当てして、その手当てを立証する銀行からの証明書を取得すること、というように記述されています。

一方、宿題が達成できたかどうかを判定する基準についても定義されていて、成果の質を無視してオカネがもらえるわけではありません。

マイルストーンをクリアし続ければ、ＮＡＳＡからの技術移転と資金補助を受けられながら自社を成長させていけるわけですから、宇宙ベンチャー企業にとって、ＣＯＴＳは願ってもないありがたい成長機会であったと言えるでしょう。

よちよち歩きの宇宙ベンチャーにリスクを軽減

ＣＯＴＳには、意図的に宇宙ベンチャーが負担するリスクを軽減することによって、よちよち歩きの宇宙ベンチャーが不測の事態で倒産しないよう配慮していたという側面もあります。

C3POが管掌する3つの事業のうち、②CRSと③CCDevが「義務的契約」[*2]であるのに対し、①COTSは「義務的契約」ではありません。「義務的契約」とは、違約金や損害賠償などが発生する契約なので、COTSでは、この賠償義務が（原則的に）免除されていることになります。

NASAは、COTSをあえて義務的契約とせず、宇宙ベンチャーが負担する事業リスクを軽減することによって、宇宙ベンチャーの振興を図ったのです。

③ 主客逆転スキームとしてのCOTS

G to BからB to Gへ

COTSがもたらしたもう一つの意義は、宇宙利用に関して、主客を逆転するスキームとなっていることです。

従来の宇宙開発は、NASA等が主導しましたが、COTS以降は、ハードやソフトの企画・開発を主導する主体は宇宙ベンチャーの側で、NASAは対価を払ってサービスを購入する、という契約形態が増えました。つまり、宇宙ベンチャーの立場から見れば、NASAも他の民間顧客と同様な一顧客であり、主導権が宇宙ベンチャー側に移る「主客逆転」が起こったことになります。

ビジネスにおいて、企業を顧客としたビジネスを「B to B」、消費者を顧客としたビジネスを「B to C」と呼ぶ習いからすると、「G to B」（「G」はGovernment、政府）から「B to G」へ、と表現できるような主客逆転現象が起こったことになります。

コスト・プラス方式の転換

「G to B」から「B to G」への逆転は、見かけ以上に深い意味を持っています。

特にNASAから民間企業に支払われる対価という側面で、大きな変化があります。従来型の開発では、NASAが民間企業に発注する時の金額決定方式は、「コスト・プラス方式」と呼ばれる方式が多く用いられてきました。「コスト・プラス方式」とは、目的達成のためにかかったコスト総額に、一定の利益を載せて、最終的な対価の額を決定する方式です。この仕組みの下では、民間企業側にコスト・ダウンのインセンティブが働かないことが、大きなデメリットです。なぜならば、コスト・ダウンを進めてしまうと、結局は受注した民間企業の手取り総額が減ってしまうからです。逆に、コストが増してもその分は最終的に自社の負担になりません。

コストに一定率を掛けて算出した利益を載せて受注総額が決まるような方式であれば、コスト・ダウンどころか、コストが増すほど利益が増える構造になっているわけですから、受注企業に逆にコスト・アップのインセンティブさえ与えかねないわけです。

我が国でも、例えば電力業界は伝統的にこの「コスト・プラス方式」に近い「総括原価方式」が適用されていました。しかし、コスト・ダウンのための企業の自助努力を促さないことから、電力事業改革で問題となり、地域独占や発送電分離などの議論とともに大きな見直しが加えられました。

これに対し、COTSでは、「固定価格方式」とでも呼ぶべき通常の商取引と同様の原則が採用されました。消費者が商品やサービスを購入する時、企業側が結果的にどのくらいコストがかかったかとは無関係に、予め決められた価格で取引するのが普通です。そのような一般商品と同様に、宇宙ベンチャーからサービスを購入する場合も、NASAは予め契約された金額以上には払わない、というのが、COTSの契約の基本です。

この場合、宇宙ベンチャーは、必死になってコスト・ダウンを進めなければ、赤字に転落してしまうかもしれません。反対に、コスト・ダウンが十分にうまくいけば、利益を増やすことも可能になります。

一方、これ以外にも、ＣＯＴＳによる主客逆転は、従来の護送船団方式に一石を投じた面があります。例えば、リスクの移転も、ＣＯＴＳの革新性の別の側面です。

開発がうまくいかなくなるリスクも、基本的にはＮＡＳＡから宇宙ベンチャーに移転されることになりました。ただし、宇宙産業の健全な育成という観点から見ると、開発リスクを民間に丸投げするのではあまりに無責任であることから、先に説明したような教育や技術移転などの支援策を補うことによって、民間が引き受けるリスク量を、ＮＡＳＡがコントロールしたのだと考えられます。

このように、ＣＯＴＳは、宇宙開発における主客逆転を実現すると同時に、宇宙開発における民間企業の役割を、通常の商業取引のスタンダード（標準）に載せたのです。これは宇宙ベンチャーにとっては厳しい条件かもしれませんが、宇宙産業を通常の産業と区別なく離陸させるためには、いつかはくぐるべき関門だったと言えるでしょう。

自律的資金調達の断行

通常の産業では、企業は資金調達を自らの手で達成しなければならないことは当たり前です。しかし、米国でも以前は「宇宙村」と呼べるような護送船団方式の産業保護原理が働いていたようで、民間企業が経営上の窮地に陥った場合、優先受注させて窮地を救うといったことも行われていたようです。しかし、COTSにおいては、資金調達は完全に民間ベンチャーの責任において行わなければなりませんでした。

2006年にCOTSに採用されたロケットプレーン・キスラー社は、2007年7月の期限までに資金調達がうまくいかず、同年9月にCOTSから脱落しています。従来なら温情的に資金繰りを助けてあげたかもしれない、その援助の手を差し伸べなかったところに、NASAの不退転の決意を感じることができるのではないでしょうか。

NASAの見事なリスク分担調整

NASAが放ったアメとムチ

ここまでの説明で、COTSにおいて、NASAがアメとムチを使い分けながら、民間宇宙ベンチャーを育成していった姿をイメージしていただけると思います。

まず、「アメ」の側面を整理してみましょう。「アメ」の側面で一番重要なのは、民間宇宙ベンチャーの育成でしょう。

「技術移転プログラムとしてのCOTS」の節でご説明したように、COTSは、宇宙ベンチャー育成プログラムとしての性格を色濃く持っていました。NASAの知的財産や設備を供与したり、日常的に宇宙ベンチャーを指導したことは、まさにアメそのものです。また、貨物輸送や損害賠償などの責任を宇宙ベンチャーに負わせない契約となっていました。生まれたての宇宙ベンチャーにはまさに、ありがたいリスク軽減となっていたわけです。マイルストーンを設定し、一歩ずつ段階を追って宇宙ベンチャーを育てていった様は、家庭教師をさえイメージさせます。

一方、COTSに次いで実施された本契約であるCRSでは、ISSへの貨物輸送は受託企業の義務であり、事故を起こした場合などの損害賠償を負う義務的契約になっていました。これは宇宙分野以外の一般的な商業契約と同等に、受託企業がリスクを負担しなければならない契約形態と言えるでしょう。

つまり、生まれたての宇宙ベンチャーに対しては、育成のための技術支援とリスク軽減を施して育成し、一人前に育ってからは、一般的な商業契約と遜色ないリスクを負担させる、という段階的な発想が、こうしたＮＡＳＡの対応から見て取れると思います。

一方、「ムチ」の側面にも注目してみましょう。

ロケットプレーン・キスラー社が脱落したことでも分かるように、資金調達自立の原則を貫いたことは、一般産業界では当たり前のことですが、当時の民間宇宙企業にとっては厳しく感じられたのではないでしょうか。

また、ＣＯＴＳの本契約に当たるＣＲＳでは、「主客逆転スキームとしてのＣＯＴＳ」の節で述べたような、一般的な商業契約の標準を本格的に宇宙開発分野に導入しています。コスト・プラス方式に象徴されるような、受託企業に対するリスク軽減策を廃し、宇宙産業以外の分野で一般的な商業標準として確立されているリスクを、宇宙ベンチャーに課したのでした。

このことは宇宙ベンチャーにとっては最大の「ムチ」に感じられたでしょうが、民間商業宇宙ビジネスを他の産業と遜色なく育成するためには、避けては通れない関門だったのだと思います。

＊1　オービタル・サイエンシズ社は1990年代に実績を伸ばした、ニュー・スペースの走りといえる宇宙ベンチャーです。その後2018年にレガシー・スペースのノースロップ・グラマン社に買収されました。

＊2　詳しくは、小塚荘一郎・佐藤雅彦編著『宇宙ビジネスのための宇宙法入門』有斐閣、または小塚荘一郎・笹岡愛美編著『世界の宇宙ビジネス法』商事法務、参照。

第六章

スペースXが「宇宙ベンチャーの雄」となりえた理由

「宇宙ベンチャーの雄といえばスペースX社」という評価はもはや定まった観があります。ここでは、敏腕経営者イーロン・マスク氏が、いかにしてロケット・ベンチャーを確立していったかを、4つの段階に分けて見ていきます。

4つの段階は、おおむね時間軸に沿って切っていますが、単に歴史的事実の叙述にとどまらず、本書の主題である「社会全体のリスクの分散処理」に関わる議論も展開します。特に、分散処理のなかでも、最も重要な「経営者のリスク負担」に焦点を当てたいと思います。

6・1　どのようにして宇宙ベンチャーの基礎を作ったか——第一段階

花火を上げて注目と経営資源を集める

スペースX社設立（2002年）のごく初期から、マスク氏は、世間の注目を集めることに躍起になっていたようです。当時の米国の宇宙開発は、政府（NASAや軍）が主導し、緊密な取引関係を築いてきたレガシー・スペース企業が、受注を独占的に獲得していました。

その一方で、スペースシャトル・コロンビア号の事故（2003年）などで、宇宙開発に停滞感が漂い始めていた時期でもありました。

こうした停滞感を打破し、後発のスペースXが成長機会を獲得するためには、型破りな戦略が必要でした。派手なパフォーマンスによる宣伝効果で世間の耳目を集め、優秀な人材と技術を結集しながら道を切り開くことができると、商才豊かなマスク氏は直感したはずです。それには、誰もが驚く一大パフォーマンスが必要でした。

2003年12月には、宇宙航空関連の一大イベントが開かれるワシントンの街中で、特注の大型トレーラに牽引《けんいん》させて、「ファルコン1ロケット」をお披露目しました。この時点では未だ一度も打ち上げたことのない、打ち上がるかさえ定かではない代物でした。

その実績ゼロの客寄せパンダをひっさげて、マスク氏は、現状の宇宙開発に対する一大批判を展開しました。「人類を火星に移住させる」ことや、「打ち上げコストを従来の百分の一に引き下げる」ことなどを訴えて世間の注目を集めました。当然、既得権勢力から批判を浴びて炎上することは覚悟の上です。それでもなお、世間の注目を集められれば勝機が開けるとマスク氏は読んだのだと思います。

そして、その読み通りに世の中は動き始めました。マスコミが若くて威勢のいいお兄ちゃんの派手なパフォーマンスを放っておくはずがありません。マスコミへの露出度が高まると、宇宙産業に従事していた人材たちが、よりスペースX社に注目するようになり、同社は優秀な人材を次々に獲得していきました。

一方、NASAも無視するわけにはいかなくなり、この頃スペースXに対する綿密な調査を開始しています。当時は40人あまりの従業員ながら、精鋭といえる人材が、世界中からスペースXに集まっていたことが、NASAの評価を高めたようです。また、当時のNASA長官だったショーン・オキーフ氏がマスク氏と会話した時に、彼のロケットに関する知識が非常に専門的なレベルだったことに驚嘆したという逸話が残っています。2004年1月のNASAのレポートによると、スペースX社について半信半疑ながら「有望」と判断していたようです。

こうして、スペースXは、熱狂的な信者と徹底的な批判者を共に生みながら船出しました。そして、単なる派手好きに見えるマスク氏の言動の裏には、実は経営者としてのしたたかな計算があるように思えてなりません。

大言壮語で人々の期待を操る

イーロン・マスク氏の経営手法には、独特のパターンがあります。①世間があっと驚くような花火を上げる──→②夢の実現に賭ける人材や資金と受注を集める──→③当初公言した期限が到来して停滞期に入る前に、また次の花火を上げる──→④世間がマスク氏は嘘つきだとささやき始める前に、当初公言した期限から大きく遅れながら実績を達成する。

大言壮語が先行するやり方に対して、批判的な方々も多くいると思います。実際、ネット上には、マスク氏の掲げた目標が期限通りに達成されているかを厳しくチェックするサイトが複数立ち上がっています。

例えば、「ブルームバーグ・ビジネスウィーク」誌の所管するサイトには、「イーロン・マスクによる未来予測」（別称「イーロン・マスクの約束とゴール」）と題したサイトがあります。そこでは、例えば「ファルコン1の打ち上げ」については、２００３年12月３日時点で、「２００４年の早い段階」に成功すると公言されていたものが、実際には２００８年９月28日に５年遅れで達成された、と記録されています。また「ロケット・ブースターの着陸」については、２０１３年３月28日時点で、「２０１４年央」と公言されていたものが、実際には２０１５年12月21日に１年遅れて達成された、と記録されています。

一見無謀な目標を掲げ、期限に遅れながらも成果を上げるというスタイルは、株式市場ではある程度是認されることも事実です。例えば、バイオベンチャー企業が、当初掲げた目標達成が大きく遅れたとしても、株価の下げが限定的にとどまるという現象が起こります。目標を何年か遅れても、もたらされる成果が大きければ株価はその成果を先取りして高止まりし、経済的には評価があまり下がらないのです。

経済学の分野には、「合理的期待学説」という理論があります。人々は、各人が抱く期待に沿って経済的行動を起こすので、人々に合理的な期待を抱かせるような政策を施すことで、経済をよりよい方向に導くことができるという学説です。つまり、経済学において「期待」とは科学的な概念で、誤解を恐れずに言えば、この期待を上手に操ることを通じて、経営者は自分に有利な競争環境を整えることさえできるわけです。マスク氏は、こうした経済の論理をよく体得していて、人々の期待を上手に操りながら、スペースX社の基礎を固めていったのです。

とにかく働く

社員のモチベーションを保つ経営手法

ＮＡＳＡの職員たちが、スペースXを訪れて最も驚くことの一つは、その企業風土だといいます。会社の雰囲気は開放的で、社員の服装もラフで思い思い。ジーパン姿のエンジニアが社内をセグウェイに乗って移動していて、マスク氏本人もレーシングカーに乗って工場内を移動する、といった有様だったようです。

福利厚生も、疲れたら専属のマッサージ師がセラピーを施してくれたり、社員の夕食や飲み物はすべて会社が無料で提供、という充実ぶりです。また、俳優のウィル・スミス氏や、ジェームズ・キャメロン監督と、社内やトイレでばったり出会ったりすることも、社員にとってはたまらない魅力となっているようです。

しかし、スペースXの社員は、他の宇宙関連企業のどこよりもハードに働くことが求められます。そもそもマスク氏自身が、無類のワーカホリック（仕事中毒）として有名です。ＣＥＯなのに工場に泊まり込んで仕事をし、開発スピードを上げられないエンジニアたちを叱責し、新規求職者の面接では相手を質問攻めにし、事業提携パートナー企業と交渉し、記者会見をし、マスコミの取材にも応え、と、これを、スペースX社、テスラ社、ソーラーシティ社、ボーリング・カンパニー社と、複数の事業にわたって実行していくわけですから、とても人間業《わざ》とは思えません。

その猛烈な仕事ぶりを、マスク氏は従業員にも要求します。マスク氏は、工場でエンジニアたちを激しく叱咤することも多いといいますが、その一方で社員を激励したり、理想像を共有するメッセージを社員たちに多数送っています。「世界の誰もが成し得なかった成果を、今自分たちが生み出そうとしている」。社員のモチベーションを保つ経営手法も駆使しながら、激務に従事させることに成功していると言えるでしょう。

ジョブ・ホッピングとストック・オプション

「創業したての企業が、どうして優秀な人材を集められるんだろう?」と素朴な疑問を抱く方も多いと思います。しかも、こうした優秀な人材が、しばしばびっくりするような安い賃金で宇宙ベンチャーに転職していく、という現象が起こることもあります。

広く知られているように、アメリカでは、転職が日常茶飯事のように発生します。米国と日本で雇用に関する考え方が最も異なる点は、日本は「雇用契約」を特別視するのに対して、米国は「雇用契約」も他の契約と基本的に同列で扱うということです。簡略化して言うと、一般的な契約がいつでも解約することが自由であるように、米国の場合、雇用契約も基本的には自由に解約できる、つまり解雇できるということになります。

「いつ解雇されるか分からない」という「雇用リスク」とともに、米国の労働者は、「年収が安定保証されていない」という「減俸リスク」も抱えなければならないことになります。人々は頻繁に転職し、転職の成就とその度ごとの年収アップのために、常に実績を問われます。そして、次の転職時に年収アップが期待できればこそ、低賃金で激務に甘んじるということが起きてくるわけです。

反対に、優秀な従業員の辞職は、経営サイドにとってのリスクになります。優秀な従業員に辞められないように、経営サイドは、ストック・オプション（新株予約権）の付与を含む高額の報酬を提示する場合も出てきます。

ストック・オプション（新株予約権）とは、会社の株式を（将来から見た時に）割安に買える権利です。まず、辞めてほしくない従業員に会社がこの権利を与えます。やがて会社が成長して株価が上がった時点で、従業員は権利を行使します。すると、付与時点の割安な株価で現在の会社の株を買えるので、株を取得した直後に売却すれば、両時点の株価の差額が現金ボーナスとして入ることになります。一方、会社側は、権利を付与する時点では現金が必要ないので、資金繰りの苦しいベンチャー企業が高額のボーナスを約束する手段として、ストック・オプションは広く使われます。

権利付与と権利行使の間に、当該企業が株式上場すれば、株価は大きく跳ね上がります。すると従業員にとっては破格のボーナスともなりますので、多少賃金が低くても一生懸命働くということが起こります。

従業員もリスクを負う

再度整理すると、従業員は、「解雇されるリスク」と、「年収が安定しないリスク」を負担していることになり、経営陣は「優秀な人材が辞めてしまうリスク」を負担していることになります。

日本では、従業員は労働基準法に守られているので、良くも悪くも自覚しにくいかもしれませんが、労働基準法に当たる法律がない米国では、労働者がリスクの一部を引き取ることになります。経営サイドから見ると、パフォーマンスの悪い従業員を解雇できることに加えて、解雇されない従業員も減俸を恐れて常に頑張るので、余計に経営効率が高まります。一定のリスクを従業員が負担することを通じて、間接的に新産業の振興を助けてくれているのだと考えられます。

6・2　COTSを通じて技術力を高め評価を確立するまで——第二段階

NASAをも凌ぐ技術を獲得できた理由

強大な政府機関ならではの弱み

民間企業にとって、ロケット技術の開発は非常に難しい事業です。ゼロから出発したスペースX社のような企業が、どうしてNASAにも肩を並べるような独自技術を開発できるのか、よく観察してみると、「強大な政府機関ならではの弱み」「しがらみなき者ならではの強み」という要素が、意外に大きく影響していることが見て取れます。

言うまでもなく、NASAやJAXAなどの公的宇宙開発機関の特徴の一つは、資金源を国民の税金に負っていることですが、このことは、失敗を極限まで許さないという制約を課すことになります。このため、失敗を回避するために、二重、三重の予防策を講じ、開発期間とコストは一気に膨れあがります。

安易な失敗が許されないのは、宇宙ベンチャーでも同じですが、民間の場合は、投資家や顧客など限定数のステイク・ホルダー（利害関係者）さえ容認してくれれば、失敗してもある程度許容される自由度があります。さらに保険等によって損失を一定程度カバーできれば、投資家や顧客の厳しい反応も緩みます。

スペースX社の場合でも、同社の試験開発的な初号機「ファルコン1」は、2006年3月の初回打ち上げ、2007年3月の2回目、2008年8月の3回目とも失敗し、2008年9月の4回目打ち上げでようやく衛星の軌道投入に成功しました。特に、2008年8月に3回目の失敗を味わった後、1か月後の2008年9月に再び4回目の挑戦を断行したマスク氏のリスクの取り方は、尋常ではないと感じませんか？　こうした決断は、公的な宇宙機関には下しにくいことでしょう。

別の側面もあります。公的宇宙開発機関は、行政や政治、圧力団体等から激しい横やりを入れられる宿命にあります。このことは、プロジェクトの全体最適を妨げたり、ゆがんだ方針決定をもたらしたりします。加えて、一度方針が決まってしまうと、途中で方針転換することを極めて困難にすることがあります。

対する宇宙ベンチャーの方はというと、方針転換することがむしろ日課だとでも言わんばかりに、実に柔軟に方針を変更しています。

政府系宇宙開発機関は確かに強大なのですが、その半面、政府機関ならではの弱みを持っています。この弱みに比べれば、しがらみを持たずに開発を進められる宇宙ベンチャーの強みは、想像以上に対抗力を持っています。以下ではスペースＸ社のロケット開発を例に、しがらみと常識にとらわれない者の強みを見ていくことにしましょう。

スペースＸはなぜ打ち上げコストを安くできたのか

第三章の図表３・図表４で見たスペースＸ社の劇的なコスト低減[*1]を、マスク氏はどのような魔法を使って成し遂げたのか？　誰もが疑問に思うところだと思います。

その理由について、専門的で難解な議論はひとまず措《お》くとして、分かりやすいものとして４つの要因、すなわち①クラスタ・エンジン、②内製化、③再使用、④ＩＴで培ったスピード重視の工夫、を取り上げてみましょう。

①クラスタ・エンジンの採用

通常、新しいロケットを開発する時には、新しいエンジンもセットで開発するのが常道です。JAXA／三菱重工が開発している最新ロケット「H3」でも、一段目の大型エンジン（LE-9）と二段目エンジン（LE-5B-3）の2種類のエンジンを開発しています。

しかし、スペースXは、ロケットを次第に大型化していくなかで、エンジンをむやみに大型化しませんでした。具体的には、「ファルコン1」で採用された、マーリンエンジンを9基束ねて、「ファルコン9」に必要な強力な推力を得ました。小型のエンジンを束ねて1基の強大なエンジンとする方式を、「クラスタ・エンジン」と呼びます（写真18）。

ファルコン9のクラスタ・エンジンのメリットとして、幾つか挙げることができます。

第一に、既に開発され信頼性を確保したエンジンをベースとしているため、開発コストを大幅に削減できます。二段目には、一段目と同じエンジン[*2]をクラスタにせず1基だけ用いることで、その効果はさらに高まります。

第二に、小型エンジンを多く使用することを通じて、量産によるコスト・ダウンが可能となります。「ファルコン9」の後に開発された、さらに大型の「ファルコン・ヘビー・ロケット」の場合、合計27機のマーリン・エンジンを搭載しています。2種類のロケットで多数のエンジンが使われるので、量産によるコスト・ダウン効果が高まります。

一方、クラスタ・エンジンにはデメリットもあり、[*3] 例えば「ファルコン9」では9基のロケット・エンジンの出力をきめ細かく制御して、ロケットの姿勢制御と安定した飛行を実現することが困難だと考えられていました。

写真18　クラスタ・エンジン

出所：https://spacenews.com/ses-rethinking-being-first-to-fly-on-a-full-throttle-falcon-9/

しかしマスク氏は、もともとITビジネスでビリオネアになった人物です。クラスタ・エンジン方式の複数のエンジンの制御に、ソフトウェア技術の進歩を持ち込むことにより、難しいとされていた複数のエンジンの制御を克服できる勝算を描きました。実際、2012年10月8日には、打ち上げ中の9基のエンジンのうち1基の不具合を自動制御プログラムが瞬時に判断し、残りの8基のエンジンを調整したために、衛星の軌道投入に成功しました。

これはマスク氏のリスク選択の勝利とも言えるでしょう。大型エンジンの独自開発には、開発コストがかさむリスク、クラスタ・エンジン方式には制御が難しいというリスクがあります。ソフトウェアの進化を熟知していたマスク氏は、クラスタ・エンジン方式の制御リスクを抑え込み、コスト・ダウン・メリットを取る選択をし、勝利しました。このように、リスクを減殺しリターン（利得）を得られるビジネスモデルを常識にとらわれずに選択する才能に、経営者マスク氏のセンスの卓越性を感じます。

②内製化による生産革命
専用品を汎用品で置き換える

スペースX社は、あらゆる部品を外注せずに自分で作る、「内製化」が徹底していることで有名です。例えば、ロケットに搭載される機器間の通信には、通常「1553B」という、信頼性は高いが高コストな通信規格が使われます。しかし、皆さんのご家庭にもあるインターネットの通信規格である「イーサネット」を使えば、安価にネットワークが構成できます。すべてを内製化しているスペースX社はこの方針転換に柔軟に対応でき、ロケット内のすべての機器をイーサネット対応させて時間とコストを節約しました。スペースX社では、ロケット革新のために、およそこのような調子で汎用化と内製化を進めたものと推察されます。

生産革新の恩恵を享受する

上記の例のように、「専用品を汎用品で置き換える」というのは、コスト・ダウンのよく知られた手法の一つですが、スペースX社が推進する内製化の意義は、一層深いところにあると考えられます。

数十万点の部品が必要なロケットの開発では、全体最適を達成するために何度も改良が加えられます。全体最適を達成するために部品Aを改良したら、部品Bも改良しなければならない、といった連鎖が日常的に起こります。部品AとBを別々の会社に外注していたら、こうした一連の改善活動がいかに煩雑になるか、容易に想像できるでしょう。

日本企業は、「すり合わせ技法」により複数社にまたがる調整プロセスを、他国より上手に管理してきた歴史がありますが、それでもロケットほどの高度なメカを全体最適に持っていくのは至難で、問題発見と解決のもぐらたたきが延々と続きがちです。

内製化していれば、各社に持ち帰って改良することなく、自社内で機敏に調整できます。会社間の責任のなすり合いやわだかまり、対立といった問題も、同一社内なら比較的穏便に解消できます。

それだけでなく、スペースX社では、３Dプリンタを使って部品点数自体を削減する生産革命が、早くから導入されていたようです。マーリン・エンジンの部品点数を、３Dプリンタの導入で大幅に削減したと言われています。内製化により、革新的な生産手法をいち早く導入し、その効果を宇宙業界において同社が最も享受していると考えられます。

モデルベース開発

さらに、内製化がもたらす最大のメリットは、実際にロケットを組み上げることなく、コンピュータ上のシミュレーションによって、全体最適に至る期間とコストを短縮できる点にあると言えるでしょう。

近年、「モデルベース開発」とか「デジタルツイン」といわれる開発手法が注目されています。設計↓試作↓検証というプロセスをコンピュータ上で尽くしてから、最後にハードウエアを試作、検証するような開発の進め方です。ロケットのように部品点数が多く、一つの部品の修正が他の多くの部品に波及してしまうような複雑な製品の開発には有効です。

例えば、一つの部品の故障の影響を検証する場合、実際に部品を一つ壊してみて、組み上げて検証する方法があります。しかしロケットの場合、爆発事故を引き起こすかもしれないので、実物を使って徹底的に故障の影響を分析することができません。しかし、モデルベース開発なら、コンピュータ画面上で故障のデータを与えてシミュレーションし、その影響を検証、評価できます。そしてスペースX社は、このモデルベースの開発手法を、早くから積極的に取り入れているのではないかと推測されます。

モデルベース開発を本格的に活用するには、あらゆる部品、機器について、その詳細図面、素材、内部ソフトウェアなどの情報が必要ですが、ロケット部品を作る各社に、企業機密に属するデータをすべて提供させることは至難です。しかし内製化していれば、各部品、各機器のデータはすべて社内にあるため、モデルベース開発の前提条件が整っていることになります。

日本でも、ようやく自動車分野において、経済産業省が音頭を取って、大手自動車メーカーとその裾野の部品メーカーのモデルベース開発の推進が始まっています。

ここまでスペースX社の内製化について見てきました。専用品を汎用品に置き換えるのみでなく、最先端の開発・製造革命を実践しながらコスト削減を達成する手段として、同社は明確な信念を持って内製化を追求しているのではないかと思えてなりません。

③再使用によるコスト・ダウン

一見、「使い捨てにせずに再使用すれば安くできる」という原理は単純明快な結論のように思われるかもしれませんが、実際は少し複雑です。例えば、ロケットを再使用するためには、宇宙に達する高度まで打ち上げた第一段ロケットを、無傷で回収する目的でパラシュートをつけたり、燃料噴射して着陸させる必要があります。パラシュートのコストや燃料を余計に搭載しなければならないという問題が発生します。

スペースX社は、エンジンを噴射して着陸することを選びました。燃料搭載増のデメリットはロケットを大型化し、各部の重量をぎりぎりまで削り、エンジンの性能を高めることで克服しました。また、着陸寸前には一段ロケットのタンクはほぼ空になりますので、エンジンの出力を極端に絞らなくてはなりませんが、それにはクラスタ・エンジン9基のうち、1基のみを燃焼させる手法が使えます。ファルコン9のロケット一段目は、2015年12月に初めて地上への帰還に成功して以来、2022年11月現在、着陸成功回数は153回を超えており、打ち上げコストの抜本的な削減にも成功しています。

④IT産業で培ったスピード重視の工夫

スペースXは、IT産業で培われたスピード重視の開発を実現する複数の手法、具体的には、フラット型組織、標準化、アジャイル開発などを活用してスピーディーな開発を実現していると考えられます。

フラット型組織とは、組織の階層をなるべく減らして、組織のトップと末端社員との距離を縮め、意思決定のスピードを上げる組織デザインです。

標準化とは、複数のハードやソフト、手順などを規格化してそろえることによって、作業効率や在庫調達などの速度を引き上げる工夫です。先にご説明したクラスタ・エンジンがその典型です。

アジャイル型の開発手法は、全体の設計や計画はある程度大枠を定めるにとどめ、個々のパーツの開発と実装を優先して、時には当初考えていた仕様を大きく変更しながら開発を進めます。乱暴な例えをすれば、「きっちり考えてから走り始める」従来型の開発体制（ウォーターフォール・モデルとも呼ばれます）に対して、アジャイル開発は「走りながら考える」開発体制であると言えるでしょう。

このような様々な工夫や手法は、主にIT産業で培われてきたもので、伝統的な宇宙開発とは異質の要素です。イーロン・マスク氏は、この開発手法を大胆にスペースX社に持ち込んで、開発スピードを格段に向上させました。先の節で、「持たざる者の強み」という表現を使いましたが、まさに伝統的な手法にとらわれずに、異業種の優れた工夫を臆面もなく導入して結果を出していってしまう点こそ、イーロン・マスク氏の面目躍如たるところでしょう。

民間機として初めてISSに到達

スペースX社は、2006年に「COTS」に選定され、2008年12月にはISSに貨物を最大12回輸送するCRS契約を、16億ドル(2240億円)で締結しました。そして、2012年5月25日に、同社のドラゴン貨物輸送船(別名カーゴ・ドラゴン)が、国際宇宙ステーション(ISS)に民間機として初めてドッキングを果たしました。

この成功劇は、単に史上初のISS民間貨物輸送というだけでなく、さらに重要な意味を持っていました。2011年7月にスペースシャトルが退役した後、NASAは、自前のISS貨物輸送手段を失い、日本の「こうのとり」貨物輸送船(略称HTV)や欧州宇宙機関(ESA)の貨物輸送船(略称ATV)に依存していました。しかし、両貨物輸送船ともに、大気圏に突入すると燃え尽きるため、ISSの実験成果などを地上に持ち帰る手段はロシア1か国のみが保持していました。カーゴ・ドラゴンは、大気圏に突入して地上に帰還し、再利用できる設計ですので、NASAおよび米国は、貨物を帰還させる自国手段を再び取り戻したわけです。

こうしてスペースX社は華々しい成果を上げ、ニュー・スペースの雄としての最初の礎を築くことに成功しました。

6・3　事業領域の拡大――第三段階

ケンカという合意形成手法

ケンカ屋マスク氏のケンカ歴

イーロン・マスク氏の半生を紐解《ひもと》いてみると、まさに「ケンカ屋マスク」の称号を冠してあげたいほど、実に多方面にケンカを仕掛け、多くの勝負で勝ちを収めています。

「会社内外での合意の形成」は、経営者の重要な役割の一つですが、マスク氏は、この合意形成プロセスで「ケンカ」を多用する手法を使います。第三章で述べたように、[*4]マスク氏は、果敢にレガシー・スペースにケンカを仕掛けていった急先鋒でした。ここで言う「ケンカ」とは、すなわち「議会や行政に対する告発」であり「訴訟」です。

マスク氏の最初のケンカは、会社を設立して2年後、相手は、キスラー・エアロスペース社でした。アポロ時代にNASA有人宇宙飛行局長を勤めたジョージ・ミュラー氏創業のこの企業とNASAが排他的な契約を結んだことを、マスク氏は問題視したのでした。

マスク氏は、米国上院議会でキスラー・エアロスペース社の排他契約について批判し、米国会計検査院が動いた結果、最終的にNASAは契約を破棄するよう勧告されました。この時点で打ち上げに成功していなかったにもかかわらず、マスク氏は、初戦のケンカに勝ってしまったわけです。

マスク氏は、メガ・レガシー・スペースにもケンカを仕掛けます。軍の衛星打ち上げを独占受注していたULA（ユナイテッド・ローンチ・アライアンス）社（ロッキード・マーチン社とボーイング社の合弁会社）に対し提訴したのです。しかし、訴訟は却下され、この時は一敗地にまみれたのでした。

しかし、マスク氏は諦めず、ファルコン9の打ち上げに成功した後の２０１４年、再びＵＬＡ社を提訴し、今度は実質的に勝利しました。この結果スペースX社は、軍の衛星打ち上げ受注を獲得できることになり、業績を一層拡大するチャンスを手にしました。

この時のマスク氏の準備は、以前より周到でした。提訴の前年、２０１３年には既に空軍からロケットの性能審査を受け、軍事衛星の打ち上げに適格であることを、訴訟と並行しながら認めさせていきました。また、ＵＬＡ社のアトラスロケットは、ロシア製のエンジンを使用していることが問題視されていました。マスク氏はこの点を喧伝《けんでん》し、米国純正であるロケット・エンジンを搭載するスペースX社を使うべきであることを主張しました。

そしてもちろん、ＵＬＡ社よりもはるかに低いコストで軍事衛星を打ち上げることができることを強調したのです。

結局、この裁判は和解になったものの、米国空軍は２０１５年5月にスペースX社に対してファルコン9による軍事衛星の打ち上げ許可を与え、以降、スペースX社は立て続けに軍需衛星打ち上げの受注を獲得していきます。

スターリンクで需要を生み出せ！

けた外れのコンステレーション

スペースX社の通信メガ・コンステレーションであるスターリンクは、4万2000機のけた外れの規模を計画しています。1回に30から60機もの衛星を積んでファルコン9で打ち上げており、既に2500機を超え、日本でもサービスが始まりました。

垂直統合戦略としてのスターリンク

スペースX社のロケット事業とスターリンク事業が連携することで、様々な相乗効果が生まれます。スターリンク側から見ると、スペースX社が打ち上げサービスを原価で提供してくれるため、他のメガ・コンステレーションと比べてコスト優位性を持ちます。ロケット側から見ると、打ち上げ頻度を増やしたり、ロケットの量産を拡大するなどの様々なコスト・ダウン・メリットが生じます。このような一連のプロセスのなかにあって、通常は異なる会社が営む事業を一つの会社で実施することにより、相乗効果を発揮する戦略を垂直統合戦略といいます。

壮大な需要創出策としてのスターリンク

ロケット会社が衛星の製造も行うというこの垂直統合戦略には、マスク氏が意図した、より壮大な戦略が仕込まれていると考えます。

まず、顧客である衛星ベンチャーの立場から見てみましょう。スペースＸの最近の打ち上げ頻度は、スターリンクのおかげで週に1回以上ですので、衛星開発が遅れたベンチャー企業が打ち上げをいったん延期しても、次の機会を柔軟に設定することが可能であり、しかもキャンセル料は10%程度と安く設定されています。

スペースＸ社側から見ると、衛星ベンチャー企業が延期や割り込みを繰り返しても、自社搭載貨物であるスターリンク衛星の積載個数を調整することで、空席を埋めたり、衛星ベンチャーにとって割安でありがたい空席を作ったりすることが可能です。そして、この空席が、資金基盤の脆弱な衛星ベンチャーの需要を刺激することになります。

つまり、スペースＸ社内部の需要創出策になっているだけでなく、外部顧客の需要も大きく喚起する仕組みになっているわけです。これって、実によくできたビジネス・モデルだと思いませんか？

火星へまた一歩——ファルコン・ヘビーの打ち上げ成功

ファルコン9をアップ・グレード

２０１８年２月に、大型ロケット、ファルコン・ヘビーの打ち上げが成功しました。ファルコン９の第一段を３機横並びに搭載して（真ん中の１機が衛星打ち上げの中軸で、横の２機は補助ブースターの役割）、９基×３機＝27基のクラスタ・エンジンとして、アポロ計画の月着陸船を打ち上げた史上最大の「サターンＶ」に迫る強力なロケットを開発しました（写真19）。

しかも、ファルコン・ヘビーは、ファルコン９と同じく再利用型です。２基のロケットが逆噴射しながら、まるでフィルムの逆回しのようにゆっくりと垂直に着陸した動画をご覧になったことがあるかと思います（写真20、次ページ）。２基の「ブースター」が、着陸脚を伸ばして整然と着陸した映像は、スペースＸの技術力がさらに進展したことを人々に強く印象づけたことと思います。

写真19　ファルコン・ヘビー　写真：SpaseX

写真20　ファルコン・ヘビーのブースター2機の帰還　写真：SpaseX

クラスタ・エンジンの戦略的意義

ファルコン・ヘビーからは、クラスタ・エンジンが、単なるコスト・ダウンの理由からだけで採用されたわけではないことが分かります。

ファルコン1で宇宙空間に到達できる安価なマーリン・エンジンを開発し、次にそれを9基束ねて、商業モデルの基盤となるファルコン9を建造し、次にさらに積載能力の高いファルコン・ヘビーを、マーリン・エンジン27基を束ねて建造したのです。それぞれ別のロケット・エンジンを開発していたら、これほど早く大型ロケットまでたどり着かなかったはずです。

つまり、クラスタ・エンジンの採用は、コスト・ダウン戦略として有効なだけでなく、アップ・グレード戦略としても有効だったわけです。このことをファルコン1の設計段階だった2000年初頭に直感していたであろ

写真21　テスラに乗ったスターマン　写真：SpaseX

うマスク氏の慧眼《けいがん》には、驚かされるばかりです。

テスラに乗ったスターマン

この2018年のファルコン・ヘビーの打ち上げ映像では、地球をバックに宇宙空間を疾走する赤い車が話題をさらいました。運転席には、「スターマン」と名付けられたヒト型ダミー人形が、純白の宇宙服を着て座っています。

マスク氏の愛車である赤い「テスラ・ロードスター」に乗って、白い「スターマン」が青い地球をバックに疾走する様は、多くの人が「CG?」と錯覚したくらい美しいものでした（**写真21**）。しかしこれは実写。実際に宇宙空間で起こった出来事です。

余談ですが、宇宙空間に放出されたスターマンは、今後地球と火星の間を大きく周回する軌道を走り続けることになります。[*5] マスク氏は、自分が乗っていた愛車を一足先に火星に送ることで、スペースX社創業時からの夢である人類の火星移住をまた一歩引き寄せたということになるのでしょう。

6・4　民間主導の火星移住に向けて——第四段階

クルー・ドラゴン　ISSへドッキング成功

2020年11月15日、スペースX社のクルー・ドラゴン宇宙船が、民間企業として史上初めて宇宙飛行士のISS輸送ミッションに成功しました。[*6]

この「クルー2ミッション」では、ISSにそれまで滞在していた野口総一宇宙飛行士と、新たにクルー・ドラゴンでやって来た星出彰彦宇宙飛行士が、ISS上で再会を喜び合うシーンが報道されました。米国がスペースシャトル↓ソユーズ宇宙船↓クルー・ドラゴンと主力宇宙船を交代させた歴史を反映して、野口宇宙飛行士はご自身の経歴のなかで、3種類の宇宙船すべてに乗った珍しい経験を持つことになりました。

２０１１年7月にスペースシャトルが退役した後、ＩＳＳに宇宙飛行士を輸送する手段をロシアのソユーズ宇宙船に頼ったまま、実に9年余りを過ごさざるを得なかった米国の苦悔は、この時終わりました。

２０２２年にウクライナ戦争が勃発したことにより、宇宙開発パートナーとしてのロシアの信頼が損なわれてしまいました。もしクルー・ドラゴン成功前に起きていたら、ＩＳＳプログラムはより深刻な危機に見舞われていたはずです。

火星の前に月にも行っとく？

２０１８年9月18日、前澤友作氏は、世界中から集まったマスコミ関係者を前に、「アイ・ゴー・トゥー・ザ・ムーン！」と力強くこぶしを挙げました。イーロン・マスク氏も肩を並べて、記者たちの質問に答えていました。民間人初となる月旅行を、日本人が達成する可能性が高まったことに胸躍らせた方も多いことと思います。

火星への人類移住の前の通過点として、マスク氏は、月への輸送サービスも視野に入れています。ファルコン・ヘビーよりもさらに大型で、火星に向けて一度に100人の人間を乗せて行ける「スターシップ」を使用する予定です。ただし、2023年に計画されている前澤さんの月旅行では、今のところ月の周回までで、着陸は計画されていません。

超巨大ロケット「スターシップ」開発

スペースX社主力ロケット「ファルコン9」と「ファルコン・ヘビー」に加え、次なる超大型ロケット「スターシップ」の開発が進めてられています。

二段式のロケットで、正確には二段目を「スターシップ」、一段目を「スーパー・ヘビー」と呼びます。両方を合わせて、単に「スターシップ」と呼ぶこともあります。これまでのロケットでは、二段目先端のフェアリング（衛星格納庫）内に衛星または着陸船が格納され、二段目が使い捨てられていました。しかし、スターシップでは、二段目が着陸船の役割を兼ねるとともに、一段目、二段目の両方が、着陸して再使用できる設計となっています。

「スターシップ」は、4回の試験飛行失敗の後、2021年5月5日に初めて地上への着陸に成功しました。スターシップが安定して飛行できるようになるまでにはいま少し時間がかかりそうですが、注目すべきは、同ロケットが完全に火星移住を視野に入れていることです。

火星への旅に立ちはだかる難題の一つは着陸です。火星の大気が地球の1％程度であるために、パラシュートなどの大気を使った減速の仕組みが使いにくいからです。このためスターシップは、ロケット噴射だけを使って火星に着陸する仕組みを選択しました。スペースX社が再使用型のロケットにこだわる理由について、これまではコスト・ダウンの必要性を軸に説明してきましたが、火星への着陸に向けた技術開発も視野に入れていたという見方もできるでしょう。

さらに、往路は地球から燃料を積んでいくとしても、復路の燃料は現地で調達しなければなりません。そこで、スターシップでは、これまで使ってきたケロシン（化石燃料の一種）と液体酸素の組み合わせから、火星でも調達が比較的容易な「メタン」燃料に変更しています。

このように、スターシップは、これまで夢物語だった火星移住を実現させるために、従来とは違う様々な工夫を作りこんでおり、火星旅行の現実的な解の結集となっています。

段階的な進化が夢を引き寄せる

マスク氏は、スペースX社創業当時から繰り返し火星移住を訴えてきましたが、当初は鼻で笑われるような状況でした。しかし、段階を踏んで少しずつリスクを減らしながらアプローチしたことで、火星移住という不可能に思えた夢に肉薄した感があります。

第一段階では、まず経営資源を集めることが最重要課題でした。批判と注目を浴びつつ、短期間に人材と技術を蓄積し、ファルコン1の打ち上げ成功にこぎつけました。

第二段階では、それまでの常識や慣行にとらわれない開発手法により、大幅なスピード・アップとコスト・ダウンを実現しました。そして、蓄積された技術をもとに、カーゴ・ドラゴンのISSドッキング成功を達成しました。

第三段階では、ビジネスを多角化することで、リスクを取ってリターンを得ました。NASAと並ぶ巨大需要家である米軍からの受注を得られたことで、収益機会は大きく広がりました。また、スターリンクは、垂直統合戦略を繰り出すことで、自ら需要を創出し、ロケットの打ち上げ頻度を大きく高めました。打ち上げ頻度の高まりは、さらなるコスト・ダウンを達成し、特に衛星の相乗り輸送需要の飛躍的拡大をもたらしました。これをインフラとして、日本も含めた世界の衛星ベンチャーが、安価に衛星を低軌道に運べるようになり、さらに同社のロケット需要を高める好循環を作り出しました。

各段階の戦略は有機的にかみ合っていて、スペースX社は、新たに市場を創造しながら、少しずつリスクの壁を乗り越えてきたわけです。最初から火星に行くビジネスを始めようとしたら、必ず挫折していたと思います。もちろん時に勇み足をして社会から批判されることも多い彼でしたが、こうした段階的な発展の末に、現状では、「マスク氏ならやれるはずだ」という確信を世間に抱かせるまでに変化しました。

経営者にとっての一番重要な仕事は、「リスクの選択」です。特にベンチャー企業の場合、より顕著です。スペースX社のこれまでのビジネスの経緯からは、天才経営者マスク氏が、いかに巧妙にリスクを選択してきたかが垣間《かいま》見えます。

新たな産業が勃興してくる時に、社会全体でリスクを分担することが望ましいというのが本書の主張です。政府、宇宙機関、従業員、顧客、……様々なリスク・テイクの主体があるなかでも、やはり最も多彩なリスクに立ち向かっていかなくてはならないのが、経営者です。マスク氏のリスク対処策を参考にしていただくとともに、才能ある経営者のリスク・テイクを社会全体でどのように支援できるかについても、我々は今後議論していくべきであると考えます。

＊1　「第三章　3・2　3つの革新とは　打ち上げ費用は歴史的に低下」参照。

＊2　厳密には異なりますが、類似設計のエンジンです。

＊3　旧ソ連の「N-1」ロケットでは、一段目に30基のエンジンを搭載していましたが、多数のエンジンをリアルタイムに制御するのが難しく、4回連続して打ち上げに失敗し、開発を中止した例があります。

＊4　「第三章　3・1　ニュー・スペースとレガシー・スペース」参照。

＊5　近日点が地球軌道、遠日点が火星軌道よりやや遠い楕円軌道を飛行しています。太陽を周回する人工惑星となっています。なお、スターマンの現在位置は、以下のサイトで確認できます。
https://spacein3d.com/where-is-starman-live-tracker/

＊6　テスト飛行としては、2020年5月に2名の宇宙飛行士を乗せてＩＳＳへのドッキングに成功していました。

第七章

高い株価

7・1　米国発宇宙ベンチャー上場ブーム

ヴァージン・ギャラクティック——商業運航前に民間宇宙旅行初上場！

２０１９年10月、ヴァージン・ギャラクティック社がニュー・スペースとして初めて米国ニューヨーク証券取引所に上場を果たしました。２０１８年12月に[*1]初めて高度82・７kmの宇宙空間に到達してはいたものの、未だお客さんを乗せての商業飛行は実現していない段階でした。同社の２０１８年通年の利益はマイナス１・38億ドル（１９３・２億円）、２０１９年通年はマイナス２億１１００万ドル（２９５億円）とド赤字でした。

にもかかわらず、同社の株は人気化して、上場初日の初値で、約10億ドル（約１４００億円）の時価総額（会社全体の価値のこと。詳しくは後述）が付きました。そして２０２１年には、上場ラッシュともいえる多くの宇宙ベンチャーの上場ブームが巻き起こりました。

商業運航前ということは、ビジネスが成立するのか確証が得られない段階です。そしてこの段階にある宇宙ベンチャーの多くは、巨額の「赤字」を計上しています。そんなド赤字の会社に、なぜ高い株価が付くのか？　なぜド赤字の段階で上場することが許されるのか？　投資家はなぜそのようにリスクの高い投資を実行しようと思うのか？　本章では、こうした宇宙ベンチャーを取り巻く株式市場（資本市場）と新産業育成との接点について考えたいと思います。

2021年SPAC上場ブーム

２０２１年は、宇宙ベンチャーの上場ブームの年でした。４月に携帯端末向け衛星通信サービスを展開するＡＳＴアンド・サイエンス社が上場し、７月に小型ロケットのアストラ社が上場しました。８月には軌道上サービスのモメンタス社と、小型ロケットのロケット・ラボ社、リモートセンシング（略してリモセン）のスパイア・グローバル社の3社が上場、９月には軌道上サービス等のレッドワイヤー社と、量子暗号衛星通信のアーキット社、光学衛星リモセンのブラックスカイ・テクノロジー社の3社が上場、……という具合に、宇宙ベンチャーの上場が相次ぎました。宇宙ベンチャーの範囲に明確な定義はありませんが、同年に10社以上の企業が上場を果たしたと言われます（図表7、次ページ）。

図表 7　SPAC上場企業一覧

企業名	事業概要	上場先	上場時期
irgin Galactic	有人宇宙旅行	ニューヨーク証券取引所	2019年10月
AST & Science	形態端末向け通信	NASDAQ市場	2021年 4 月
Astra	小型ロケット	NASDAQ市場	2021年 7 月
Momentus	軌道上サービス	NASDAQ市場	2021年 8 月
Rocket Lab	小型ロケット	NASDAQ市場	2021年 8 月
Spire Global	小型地球観測衛星	ニューヨーク証券取引所	2021年 8 月
Black Sky	小型地球観測衛星	ニューヨーク証券取引所	2021年 9 月
Redwire	軌道上サービス	ニューヨーク証券取引所	2021年 9 月
Arqit	量子暗号技術衛星	NASDAQ市場	2021年 9 月
Planet	小型地球観測衛星	ニューヨーク証券取引所	2021年12月
Virgin Orbit	小型ロケット	NASDAQ市場	2021年12月
Satellogic	小型地球観測衛星	NASDAQ市場	2021年第4Q
Terran Orbital	小型地球観測衛星	ニューヨーク証券取引所	2022年第1Q
Tomorrow.io	小型気象衛星	NASDAQ市場	2022年第2Q

2019年以降にSPACを活用した上場を発表した企業一覧

出所：宙畑　2022年5月31日記事「SPAC（特別買収目的会社）ってなに？　宇宙ビジネスでも話題の話題の新しい上場の形とメリット、課題を分かりやすく解説」
https://sorabatake.jp/26927/

この年上場を果たした企業の多くは、ＳＰＡＣ（Special Purpose Acquisition Company、特別買収目的会社）という仕組みを使いました。簡略化してご説明しますと、第一に、事業を行っていない空の箱としてのＳＰＡＣが、ナスダックやニューヨーク証券取引所等に上場します。ＳＰＡＣは、最初から買収を目的に上場を認められるカラ箱（それ自体事業を営んでいない会社）です。第二に、ＳＰＡＣは上場後に買収対象となる宇宙ベンチャーを探して、ＳＰＡＣの株主の了解が得られれば、買収を実行します。第三に、買収が完了すれば、既に上場が完了しているＳＰＡＣと被買収会社は一体化しますので、間接的に宇宙ベンチャーの上場が実現する、という仕組みになっています。カラ箱が先に上場し、後から本命の宇宙ベンチャーが合流するイメージです。

宇宙ベンチャーにとっては、自社が直接審査を受けてナスダック等に直接上場する場合に比べて、審査の手間や時間、コストを削減できるので、一般的にはこうしたディープ・テック分野（ハイテクのなかでもさらに技術的専門性の高い分野）の企業が早期に上場できる仕組みとして重宝されました。

ＳＰＡＣには、こうしたメリットも多いのですが、当然ながらデメリットも存在します。審査等の手続きが手薄になりますので、適性を欠いているような企業が上場するリスクを、完全に排除できません。加えて、上場後24か月を期限に買収を完了するルールですので、ＳＰＡＣが十分な吟味を欠いた拙速な買収に走るリスクもあります。

日本では、現在ＳＰＡＣ上場は認められていません。というよりもむしろ、ＳＰＡＣ上場に似た仕組みは、「裏口上場」と呼ばれて歴史的には禁止されてきました。裏口上場とは、先に別の事業を営む企業が上場しておいて、後からこの上場会社が非上場会社を合併することによって、ＳＰＡＣ上場と同じようなことを実現する仕組みです。日本でも、ＳＰＡＣ上場を認めるべきではないか、と検討された時期もありましたが、現在は下火になっています。

日本でも宇宙ベンチャー初上場？

一部報道で観測記事が出ているように、日本でも、宇宙ベンチャー初の上場[*2]が期待されています。現在、上場を目指している会社が複数あり、各社はほぼ例外なく赤字と推測されますが、既に高い株価が付いています。

未上場ベンチャー企業の値段を調べたければ、例えば、「イニシャル」というベンチャー投資向けの情報サイトに行けば、無料で閲覧できます。[*3]そこでは、宇宙デブリの除去ビジネスを創始しようとしているアストロスケール社は979億円、月に貨物を運ぶアイスペース社は756億円、ＳＡＲ衛星コンステレーションのシンスペクティブ社は403億円、……といった具合に表示されています。一般に、現段階では多くの宇宙ベンチャーが赤字状態[*4]であり、高い株価が付くことに違和感を覚えるのが普通の感覚ではないでしょうか。

株価とは株式の単価であり、株式とは会社に対する所有権（支配権）を表す券面です（昔は株券を発行していましたが、今は株券不発行とする会社が多くなっています）。会社が発行する株式100％を持てば、会社を100％支配できることになりますので、「会社の全株式数×株価＝会社全体を支配するために必要な金額」という算式が成り立ちます。そして、この金額のことを、会社の「時価総額[*5]」と呼びます。こう考えると「時価総額」とは、「会社の値段」そのものと解釈できることになり、また「株価が高い」とは、企業全体に高い値段が付いていることを意味することとなります。[*6]

「アストロスケール社の値段は979億円[*7]」とは「時価総額」のことです。直近に実現した資金調達（ファイナンス）の時に付いた株価と、その会社の株式数を掛け合わせて算出できます。同社に限らず我が国でも、赤字の企業に対して高い値段が付いているのです。

次に、一般論として、どうして赤字の企業に対して高い値段、すなわち高い株価が付いてくるのか、その仕組みをご説明しましょう。

7・2 なぜド赤字の宇宙ベンチャーに法外な株価が付くのか

株価を求める万能算式

ここで株価がどのように形成されるのか、少しだけ理論的な背景を説明しておきましょう。本書のなかで唯一ここだけ、簡単な算式が出てきますが、さほど難しくはありませんのでお付き合いください。数式は一切お断りという方は、読み飛ばしていただいても結構です。株価形成の理論にはいろいろありますが、ここでは分かりやすく簡略化したモデルでご説明しましょう。

株主は会社の所有者ですので、会社が上げる最終的な利益は株主のものです。今年も利益を上げ、来年も利益を上げ、再来年も利益を上げ、……とずっと利益を上げ続ける会社があれば、それらの利益はすべて株主たちのものになります。

すると、今年、来年、再来年と続く利益（ここで言う利益は将来の利益ですので予想値です）を全部足し合わせれば、その会社の値段になるはずです。なぜなら、株式１００％を持つ株

図表 8　企業価値（株価）の算定式

第1期　第2期　第3期　第4期　第5期

$$企業価値=\frac{利益_1}{(1+金利)^1}+\frac{利益_2}{(1+金利)^2}+\frac{利益_3}{(1+金利)^3}+\frac{利益_4}{(1+金利)^4}+\frac{利益_5}{(1+金利)^5}+\cdots$$

【設例】

$$企業価値=\frac{赤字_1}{(1+金利)^1}+\frac{赤字_2}{(1+金利)^2}+\frac{赤字_3}{(1+金利)^3}+\frac{赤字_4}{(1+金利)^4}+\frac{黒字_5}{(1+金利)^5}+\frac{黒字_6}{(1+金利)^6}+\cdots$$

注：
- ここでは企業価値の算定イメージを示すために簡略化したモデルを示している。
- より正確なディスカウント・キャッシュフロー・モデルでは、利益がフリー・キャッシュフロー、金利が加重平均資本コストに置き換わる。
- 詳しくは拙著『成功するならリスクをとれ！』2008年東洋経済新報社、参照。

出所：各種資料より筆者小松作成。

主は、未来の利益を全部得られるわけで、その合計総額より低い値段で売る株主もいなければ、高い値段で買う投資家もいないと考えられるからです。

図表8の算式は、会社が将来にわたって稼ぐ期待利益の総和が企業価値に等しいことを示しています。しかし、ここで一つ問題が生じます。それは、今年の１万円と来年の１万円では、価値が等しくならないという問題です。

例えばあなたが今年１万円を持っているとします。金利が１％である場合、その１万円を銀行に預けておけば、翌年は１万１００円になっているはずです。ということは、今年の１万円と等しい価値なのは、来年の１万円ではなく、来年の1万100円であるということになります。

逆に、来年の1万100円を現在の価値に引き直す計算をするならば、来年の1万100円を「1プラス金利1%」で割ればよい、ということになります。1万円×(1+1%)=1万100円の算式を変形すれば、1万100円÷(1+1%)=1万円です。

では、再来年の1万円はどうでしょうか?

同様の考え方で、現在の1万円を2年間銀行に預けておけば、1万円×(1+1%)の二乗=1万201円ですので、1万201円÷[(1+1%)の二乗]=1万円となります。つまり、[(1+1%)の二乗]で割れば、現在の価値が求められるわけです。

すると同様に、3年後の金額を現在の価値に直すには、[(1+金利)の三乗]で割ればよい、4年後の金額を現在の価値に直すには、[(1+金利)の四乗]で割ればよい、という具合になります(1+金利のべき乗で割って、現在価値に補正することを、「現在価値に割り戻す」と言います)。

従って、今年、来年、再来年と続く利益を単純に足し合わせるのではなく、各年の利益を金利のべき乗で割ってから足し合わせたものが、その会社の本当の企業価値、すなわち「値段」になります。こうして、掲載した算式は会社の値段の算定式ということになります。

株価は将来の期待を織り込む

今年もド赤字、来年もド赤字、再来年は少し赤字が縮小、その次の年はもっと赤字が縮小、その次の年は黒字転換、……という宇宙ベンチャーがあるとします。先ほどの算式を当てはめて、時価総額を算定することを考えてみましょう（図表8の【設例】参照）。

今年から4年間はずっと赤字ですから、各年の赤字を金利のべき乗で割り戻してみても、各年の結果はマイナスの値です。しかし、5年後には利益が黒字転換しますので、ここで初めてプラスの値が得られます。

そして通常、その翌年は黒字幅が拡大し、翌年にはさらに拡大し、……という具合に、利益が成長するのが普通です。すると、5年後以降は、金利で割り戻してもずっとプラスの値が続き、ずっと先まで予測していくと、今後4年間の赤字部分より、その後の黒字部分の方がはるかに大きな金額を蓄積することになります。企業価値は、これらを全部合算して算出されるわけですから、足元がド赤字であっても、全体ではプラスの高い値段が付くことになるわけです。

会社の値段は、すぐ足元が赤字か黒字かで決まるわけではなく、将来期待される利益成長も考慮して決まる、というところがミソです。ド赤字な宇宙ベンチャーに高い株価が付く理由は、将来高い成長が期待でき、高い企業価値が実現されることを投資家が期待しているためであるわけです。

7・3　投資家はなぜリスクの高い投資を実行するのか

リスク・マネーの重要性

投資家は「少しでも儲けたい」と考えるのが世の常で、この欲望が、一人、また一人と束ねられていくと、社会全体で一つの経済原理が立ち現れます。それは、「リスクとリターン（儲け）の比例的関係」という原理です。

銀行預金は、元本が保証されていますが、預けておいたら翌年預金が2倍になった、なんてことはありませんので、「ローリスク・ローリターン」です。対して株式は、投資した会社が倒産すれば元本がゼロとなりますが、翌年2倍にだって、10倍にだってなるので、「ハイリスク・ハイリターン」です。詳しい解説は別に譲りますが、[*8] 上記2つを並べるだけでも、リスクとリターンの間には比例的な関係があり、より多くリターン（儲け）を得たいなら、より多くのリスクを取らざるを得ない宿命にあることを、ご理解いただけると思います。

世の中には我々庶民よりずっとお金持ちの方が多くいらっしゃって、こうした投資家が、より高いリターンを得ようとすると、常人の手の及ばないところまでリスクを取った投資が実現します。宇宙ベンチャーの事業が確実に利益を上げるかどうか、未来は揺れ動きますが、常人よりリスクを取れるマネーは、新たな投資機会を求めて積極果敢に移動します。

そしてこの現象を産業振興の立場から見ると、リスクを取れる民間マネーが未だ不確実性が高い宇宙ビジネスに注ぎ込まれ、新たな産業が育成されることにつながります。新産業の不確実性を負担してくれる資金（リスク・マネー）の供給は、産業育成にとっておそらく一番大事な要素です。リスク・マネーは資本市場を通じて供給されますので、資本市場の役割は、一番と言って過言でないくらい重要です。

オカネには種類がある

投資家の投資行動をご理解いただくために、「オカネには種類があります」という話から始めさせてください。投資リスクを負担できるオカネ（リスク・マネー）は、リスクの許容度合いや投資期間、投資目的などによって、幾つかの種類に分類されます。

一般的に、リスク許容度の高低の順にリスク・マネーを並べると、次のようになります。「政府資金」＜「エンジェル・マネー」＜「ファンド・マネー」＜「一般投資家マネー」＜「年金マネー」の順に、リスク許容度は低くなっていきます。

政府資金は、利殖はほとんど度外視し、政策目的の達成を重視します。従って、短期的には利益を生まないような投資でも、政策目的を成就できれば、利益度外視で資金を供給します。そうした意味で、政府資金は最もリスク許容度の高い資金です。初期の宇宙開発が、民間ではなく政府主導で進められた理由の一つはここにあります。

政府に次いでリスク許容度が高いのが、エンジェルです。エンジェル（またはエンジェル投資家）とは、事業等を通じて多大な資金を手にし、投資活動する投資家です。イーロン・マスク氏、ジェフ・ベゾス氏、リチャード・ブランソン氏は、皆エンジェル投資家でもあります。

エンジェル・マネーは、出し手個人さえ納得すれば、多額の資金が投資されます。時には、普通の人なら無謀とも思えるような案件でも、巨額のマネーを供給することがあります。宇宙ベンチャーのようなハイリスクなビジネスを軌道に乗せるためには、起業家と投資家が目いっぱいリスクを取る必要が生じます。もし、起業家とエンジェル投資家が一心同体だったら、何度失敗しても巨額の投資を継続するでしょう。そして、スペースX社やブルー・オリジン社やヴァージン・ギャラクティック社は、そうして宇宙ビジネスを軌道に乗せました。

2015年からベンチャー・キャピタルが積極投資

「エンジェル」の次にリスク許容度の高い「ファンド・マネー」は、プロの投資家が投資資金を集めて組成したファンドです。いろいろな種類がありますが、ここでは、ベンチャー・キャピタルを中心にご説明しましょう。

ベンチャー・キャピタル（略してVC）とは、リスクが高くて銀行は融資できないが成長力を秘めているベンチャー企業に対し、無担保で、リスクを取って投資する投資家です。融資（オカネを貸すこと）ではなく、投資（株を買って株主になること）なので、投資対象企業は、金利を払う必要もありません。

ＶＣは、投資するだけでなく、経営上の助言・指導等を通じて企業価値を高めて株式上場させます。上場すると、通常は株価が跳ね上がりますので、保有株を売却して投資を回収します。

ＶＣの投資担当者を、ベンチャー・キャピタリスト（以下、キャピタリスト）と呼びますが、キャピタリストは、投資先の役員に就任するなどして、マーケティングから経営戦略の立案、リスク要因の回避策の立案、時には営業の支援まで、経営全般に関わることもあります。必ずしも経営能力が万全ではない経営者が起業した宇宙ベンチャーでも、ＶＣが投資することにより経営をブラッシュアップでき、事業の不確実性を減らせます。

しかし一方で、複数の投資家から集めた資金をファンド化したＶＣには、一定の投資家保護の義務が生じます。つまり、自分の一存で投資できるエンジェル・マネーより、リスク許容度は低くならざるを得ません。それでもＶＣは、エンジェル・マネーと比較しても多額の資金を投資に注ぎ込みますので、多くの新興産業において、ＶＣからの投資が活発化すると、産業の振興が急加速する傾向があります。

図表９　2015年からVCマネーが急増

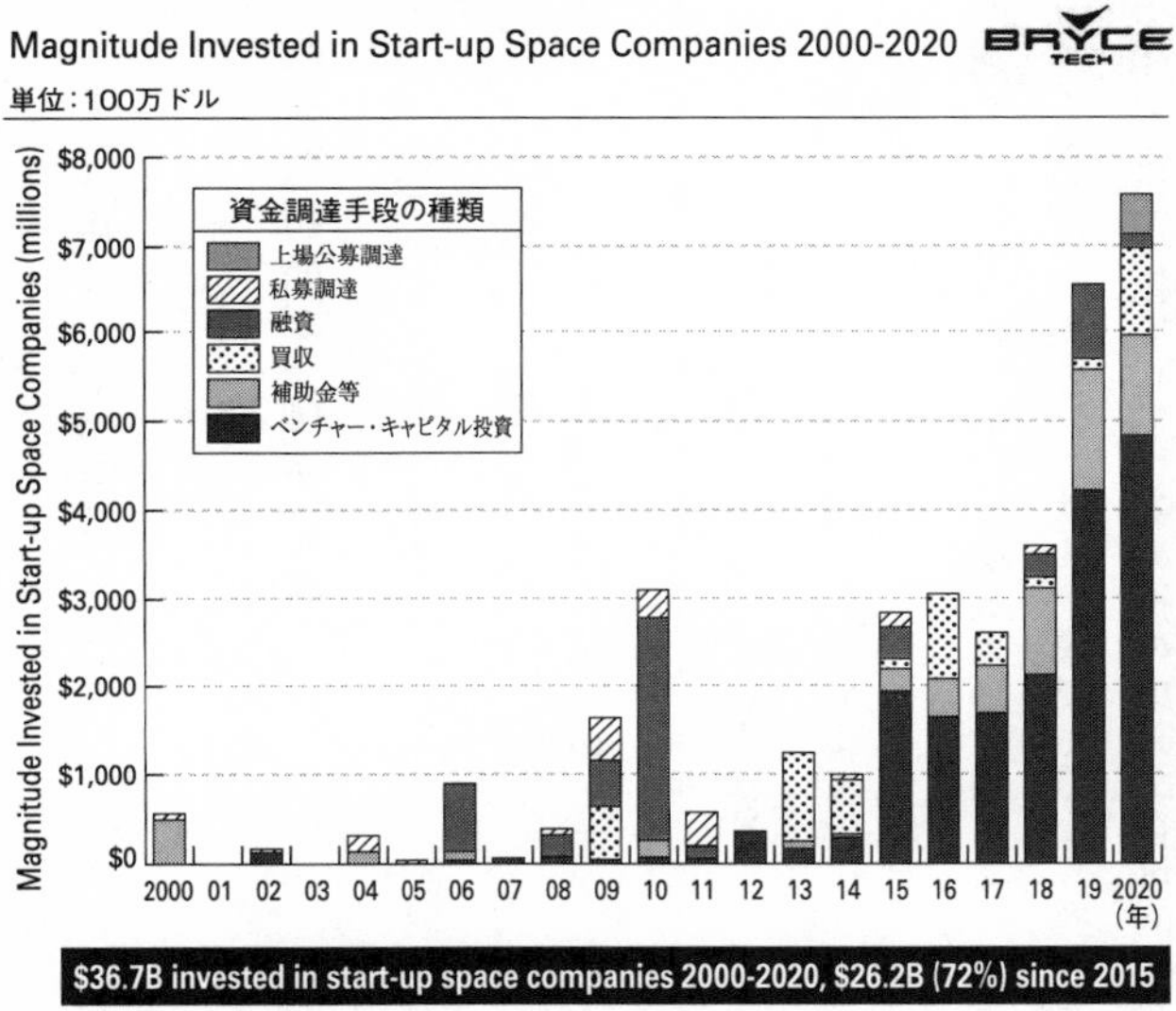

出所：Bryce Tech社資料

図表９は、宇宙ベンチャーに注ぎ込まれた投資資金を、資金の種類別に整理した時系列グラフです。２０１５年からは大量のＶＣマネーが宇宙ベンチャーに流れ込みました。このＶＣマネーが起爆剤となって、２０２１年の株式上場ブームが起こりました。そしてこの間に多くの宇宙ベンチャーが起業し、ＶＣからの投資を受けて、民間宇宙ビジネスが一気に開花したのです。

7・4　なぜド赤字の段階で株式上場が許されるのか

証券取引所が上場を承認

株式上場となると我々一般庶民にもリスクを取って投資する機会が与えられます。株式上場を承認するのは、証券取引所（ここでは、代表例として日本取引所グループの東京証券取引所〈略して東証〉として話を進めます）の役目ですが、個人投資家に不適切なほどリスク（不確実性）の高い会社の上場は、投資家保護の観点から認められません。ではどうして、ド赤字の宇宙ベンチャーが、上場できるのでしょう？

結論を先に言うと、上場する宇宙ベンチャーのリスクが、一般投資家の許容範囲にまで低減するからです。

前節で見たように、VCは株式上場を通じて投資を回収しますので、投資した宇宙ベンチャーが不確実性を減らして株式上場できるよう導きます。足元は赤字でもよいので、先の算式で確実に黒字転換して、その後の成長が合理的に見通せるよう指導します。

例えば衛星ベンチャーの事業は、①衛星の設計・開発→②衛星組み立て→③軌道上実証試験→④顧客との基本合意契約→⑤顧客との軌道上実証試験→⑥顧客との商業契約→⑦サービス・インによる売上の発生、という流れで進みます。⑦の段階でないと売上額を確定できませんが、おそらく③か④の段階まで行けば、顧客が付いて、将来売上が立つことがある程度確実視されます。③か④の時点では売上がほとんど立っていないので、業績はド赤字のはずです。しかし、技術力が十分で、かつ継続的に顧客が付く確率が高いと東証が判断してくれれば、ド赤字であっても上場承認が下りる可能性があるわけです。

この事情をエンジェルやＶＣの立場から見ると、彼らの資金供給や経営指導で技術性や市場性を高められれば、上場を果たすことができ、投資を回収できます。また、一般個人投資家の立場から見ると、上場準備プロセスを通じて不確実要素が減殺されたおかげで、将来の黒字転換の確度が高まり、ＶＣが投資した時よりは低いリスクで宇宙ベンチャーに投資することができるようになります。

上場を承認するということは、投資経験の浅い人も含めて、一般投資家に投資リスクを引き受けてもらうことにほかなりません。東証は、一方で投資家保護、一方で産業の健全な発展を義務づけられていますので、どの程度の段階で上場を承認するかについて、常に板挟みの状態です。それでも最近は、黒字化の可能性がある程度見通せる場合、赤字であっても積極的に上場させるスタンスに変化してきています。

この一般投資家にゆだねるリスク許容度の程度については、国ごとの違いもあります。一般的に、日本よりも欧米の方が、一般投資家により多くの投資リスクを引き受けてもらう傾向があります。このことは、日本では認められていないＳＰＡＣのような仕組みを、海外では認めていることにも表われています。

このように投資家保護の度合いに違いがあることを反映して、欧米では宇宙ベンチャーの上場実績が先行しています。投資家保護はもちろん重要なことではありますが、過度の投資家保護は、新興産業の成長を阻害します。

宇宙ベンチャーは、上場間近でもド赤字のケースが多いので、投資家保護を重視する従来の我が国のスタンスでは必ずしも上場承認されるとは限りません。しかし、承認を見送れば、日本の宇宙ベンチャーが続々と海外で上場してしまうことは明らかです。宇宙ベンチャーの上場が実現すれば、我が国でも重心が一歩産業振興側にシフトすると考えられ、両者のバランスの面で海外と比較してもよい傾向をもたらすと考えられます。

証券会社と監査法人

株式上場には、「証券会社」と「監査法人」も深く関わっています。

証券会社は、証券取引所と宇宙ベンチャーの仲立ちをしながら、宇宙ベンチャーが上場に値する企業として証券取引所に認められるための支援・指導を行います。当然、上場できなければ、苦労が報われないリスクを背負います。また、証券会社は、新規上場株を売り出した時に万一売れ残った場合は、株を買い取る義務も背負います。

また、財務諸表が正確でないと、一般投資家が投資判断を誤る可能性があるために、監査法人が第三者的にこれを監査し、お墨付きを与えます。会計処理に関しては、何が実態かについて判断が難しい場合があり、監査法人もまた一定のリスクを背負って上場を支えています。

このように、証券会社、監査法人、証券取引所などが、牽制《けんせい》しつつも連携してリスクを分散処理する結果、宇宙ベンチャーのような不確実性の高い企業でも、株式上場を実現できるようになります。

オカネの種類と宇宙開発の歴史は密接に関わっている

「オカネには種類がある」の節で、「政府資金」＞「エンジェル・マネー」＞「ファンド・マネー」＞「一般投資家マネー」＞「年金マネー」というリスク許容度の順位をご説明しました。実際に宇宙開発の歴史をたどってみても、政府による宇宙開発に始まり、ビリオネア・エンジェルたちの初期産業創始の時代→２０１５年からのＶＣ投資ブーム→２０２１年のＳＰＡＣ上場ブームと、現段階の一般投資家マネーが大量に投入される時代まで、産業が確立してきました。このように、リスク許容度の高い主体から低い主体へと、投資家の裾野が広がるとともに、より多くの資金が投入され、産業が興隆します。

最後の「年金マネー」に触れていないことにお気づきの方もいるかもしれません。将来もらえる年金が計画を下回ってしまったら、多くの高齢者に支障を与えてしまうために、年金ファンドは、一般投資家よりも厳格なリスク許容度で株式投資します。その意味では、将来、年金に広く投資してもらえるような時代が来れば、民間宇宙産業は本格的な成熟期を迎えることになるでしょう。

スピード重視の民間ベンチャー

第六章で、政府と民間の宇宙開発の違いについて幾つか指摘しましたが、[*9] ここでもう一つ「スピード」という要素を付け加えましょう。

概して、民間の開発はスピードが速いのに対して、NASAやJAXAなどの公的機関の開発は時間がかかる傾向にあります。[*10]

開発スピードを速める民間の工夫については第六章で述べましたが、[*11] ここでは、なぜ民間ベンチャーにスピードを速めるノルマが課せられるのかについて、先の算式を引用して見ておきましょう。

図表8（239ページ）の算式の分母は、1年後一乗、2年後二乗というように「べき乗」なので、グラフで書くとX軸をちょっと右に進んだだけで傾きがどんどん急になるような、極端な増大が進みます。つまり、黒字を早期に上げられる方が、企業価値を大きくする上で有利です。5年後の黒字化と6年後の黒字化では、見かけ上1年の差ですが、株価は大きく異なってきます。逆に、2年でできることに3年かけていては、投資家からそっぽを向かれ、資金が続かずに企業は倒産するでしょう。

結局、資本市場の厳しいルールを通じて、ベンチャー企業はスピードにこだわる経営を迫られ、投資家と経営者がスピードを追求することが、新産業が急速に立ち上がる原動力となるのです。

7・5　大きく下げた宇宙株

宇宙株下げの要因

2021年はまさに宇宙ベンチャー公開ラッシュでしたが、22年には一転して各社の株価は大きく下落しました。

例えば、2019年に上場したヴァージン・ギャラクティック社の株価は、上場直後の2020年2月に34ドル（4760円）程度まで付け、ブランソン氏が飛ぶと発表された6月には56ドル（7840円）近くまで暴騰しましたが、FRB（米国連邦準備理事会）の利上げとロシアによるウクライナ侵攻等の影響もあり、2022年末には3ドル（420円）台まで株価が下げています。

アストラ社の場合は、30営業日連続で株価が1ドルを下回ったため、2022年8月に規定に基づき上場廃止の警告が発せられました。宇宙株に限らず、米国上場株の多くがこの間に下落していますが、宇宙株は特に下げがきつい印象です。

こうした株価下落を考える時に、まず押さえておくべきは、「株価は妥当な水準を探って変動し続ける」ということです。未来は揺れ動きますので、経済環境（金利や為替変動）や政治環境（政策や戦争等）、企業の競争力（新たな技術開発や顧客の獲得、ライバルの出現）などが毎日変化すれば、株価はそれを織り込んで妥当水準を探り続けます。これが、株価の変動を引き起こします。特に、**図表8**の算式の分母は「1プラス金利のべき乗」ですので、金利が上がれば、分母は指数関数的に大きくなり、株価を引き下げます。

次に、株価がどこまで将来の利益まで織り込むか、その程度には揺らぎがあるという要因もあります。産業の黎明《れいめい》期には、過剰な期待が生じやすいので、先の算式で考えるとより遠くの将来利益までを織り込んで、高い株価が付く傾向があります。しかし、この企業が上場すると、逆に株価は近視眼的になり、翌期や翌翌期の利益の確実性に関心が移ります。先の算式で言うと、織り込む将来利益の範囲が狭まり株価が低下しやすくなります。

過剰期待には、こうした算式で表現できるものに加えて、もっと漠然としたあいまいな過剰期待もあったことでしょう。また、先述したトリッキーな側面を持つＳＰＡＣ上場に対する不信感が浮上したことも、株価下落に拍車をかけた感があります。

株価変動のなかで形成される新産業

では、宇宙ベンチャーの株価は、この先もずっと低迷したままになるのかというと、「このままでは終わらない」と思います。

今後の民間宇宙ビジネスでは、ポジティブなニュースが続々と発信されていくと予想されます。加えて、ロケットの打ち上げコストはどんどん安くなりますし、打ち上げの成功率も高まるはずです。衛星通信やリモートセンシングの威力が、ウクライナ戦争を通じて一般企業にも理解され、宇宙ベンチャーの顧客の裾野も広がるでしょう。宇宙産業のポジティブな要素が再び注目されれば、株価は再び上昇圧力を取り戻すでしょう。

さらに、２０２１年にＳＰＡＣ上場した宇宙ベンチャーには、「本命」と言えるような実力者が比較的少なかったという見方もできると思います。ＳＰＡＣが短期の上場を狙って急ごしらえした印象の企業も含まれており、今後、スペースX社やブルー・オリジン社、アイサイ社[*12]やカペラスペース社[*13]、インテュアティブ・マシーンズ社[*14]、日本の宇宙ベンチャーなど、本命的な企業の上場が進めば、宇宙銘柄が見直される機会になると考えられます。

新たな産業が勃興してくる時、株価は時に悲観し、時に楽観しながら妥当な水準を探っていきます。成熟した産業と比べて不確定要因が多いので、株価のアップ・ダウンの幅は大きくなりますが、振れ幅が大きいからこそ、リスクを取った投資家は高いリターンが得られる可能性が生じるわけです。[*15]そして、高いリターンを求めてリスク・マネーが供給されるにしたがって産業も発展します。

そのようにとらえると、現在の株価低迷は、産業が発展成熟していくための一つの局面であり、一概に悲観したり楽観したりすることはあまり意味をなさないというように考えられます。

＊1　「第二章　2・2　宇宙が舞台の賞金レース　大企業にバトンタッチして紆余曲折」参照。

＊2　一部観測報道等の状況分析によれば、現在複数の宇宙ベンチャーが上場準備に入っており、本書上梓時点で既に上場が実現していたり、延期になったりと状況が変化する可能性があります。
＊3　https://initial.inc/
＊4　官報の決算公告を検索することで、赤字企業かどうかを確認できます。
＊5　「株式時価総額」とも呼びます。
＊6　正確には、「会社の値段」というときに、「エンタープライズ・バリュー」というもう一つの考え方があり、「エンタープライズ・バリュー＝株式時価総額＋負債の価値－現金」の算式が成り立ちます。
＊7　本書では、日本の各宇宙ベンチャーの時価総額は、基本的に「イニシャル」のデータをもとに表記しています。
＊8　より詳しくは、小松伸多佳著『成功するならリスクをとれ！』東洋経済新報社、をご参照ください。
＊9　「第六章　6・2　ＣＯＴＳを通じて技術力を高め評価を確立するまで――第二段階　ＮＡＳＡをも凌ぐ技術を獲得できた理由　強大な政府機関ならではの弱み」参照。
＊10　「開発スピード」と「確実性」は相反する場合が多いので、時間をかけて慎重に研究開発を進めることが一概に悪いと主張するつもりはありません。公的機関の開発では「確実性」に重きを置いていることの表れだと思います。
＊11　「第六章　6・2　ＣＯＴＳを通じて技術力を高め評価を確立するまで――第二段階　スペースＸはなぜ打ち上げコストを安くできたのか　ＩＴ産業で培ったスピード重視の工夫」参照。
＊12　他の上場企業が株価下落局面を迎える中でも、２０２２年に入ってから１・３６億ドル（１９０・４

億円）の資金調達に成功しました。

＊13　２０２３年１月に６０００万ドル（84億円）の資金調達に成功しました。

＊14　２０２２年９月、２０２３年にＳＰＡＣ上場することを表明しました。

＊15　より詳しくは、小松伸多佳著『成功するならリスクをとれ！』東洋経済新報社、をご参照ください。

第八章

動く日本

8・1　米国政府はリスクを取って法規制を刷新

宇宙と法規制はどのように関係してくるか

宇宙ビジネスは法律とも密接に関係を持っています。事業を始める時に適法か否かがあいまいだったり、損害賠償責任がどこまで問われるかについて不明なままでは、リスクを限定できません。また、時代の変化に合わせて、適法性の境界線を引き直すように柔軟に法制度を改正しないと、ビジネスの健全な発展は望めません。

例として、民間宇宙旅行ビジネスを日本で始めようとすると、早速、「消費者契約法」が障壁となります。海外の民間宇宙旅行ビジネスでは、万一の事故に備えて搭乗者に対し、「事故で死亡しても規定以上には損害賠償を求めないこと」（損害賠償の相互放棄：クロスウェーバー条項）が契約されるのが普通です。ところが、日本では、この契約条項がどこまで有効か不確かな状況です。仮に搭乗者が署名捺印しても、消費者が一方的に不利になりかねない条項は、無効と解釈される可能性があります。

もちろん、日本の消費者契約法は、本人や遺族の権利を保護するための善意に満ちた規定です。しかし、損害賠償が限定できないと、民間宇宙旅行会社は、結局日本のビジネスを諦めざるを得なくなります。善意で設けられた規定も、時代に合わせて作り替えないと、産業を排除する要因ともなりかねません。

リスクを取って法改正

米国では、1984年に商業宇宙打上げ法が整備されました。その後2004年12月に、世界で初めて民間宇宙旅行産業を本格的に促進させる改正商業宇宙打上げ法が承認されましたが、これは第二章で述べたように、10月にスペースシップ・ワンが優勝したわずか2か月後の法改正でした。[*1] これって実にタイムリーだと思いませんか。

その後同法は、「2015年米国商業宇宙打上げ競争力法」として拡張改正されます。そして、第一章でご紹介した、民間企業による宇宙資源の利用権を含んだ内容に拡張されました。[*2]

また、この法律では、事前に宇宙旅行参加者に宇宙旅行の危険性を説明するインフォームド・コンセント（事前告知と合意の形成）を行うことを義務づけ、宇宙旅行参加者が自己責任を取ることが大前提となっています。つまり、搭乗客も合意してリスクの一部を引き受けることにより、事業者が無制限にリスクを負うことを回避しているわけです。

経済学的な観点からは、契約とは、当事者間のリスクの分担に対する取り決めにほかなりません。そして、この契約の有効性を規定するのが法律などの社会のルールです。従って、2004年と2015年の改正商業宇宙打上げ法によって、宇宙旅行事業者と搭乗客とのリスク分担が明確化し、搭乗客にもリスクの一部を負担させることになったわけです。

一方、リモートセンシングの分野は、軍事とも関連の深い分野ですが、1992年に陸域リモートセンシング法が制定され、段階的に民間への開放が認められました。1994年の大統領令で米国の地球観測衛星のリモセン・データを海外に販売する手続き等を定め、その後、民間企業から政府機関が画像を長期購入するアンカーテナンシー等により民間企業を戦略的に育成しました。

しかしながら、こうした早期の法律改正で、契約当事者のリスクの配分が偏っていたり、脱法的な抜け道を立法当局が見抜けなかったりすれば、社会からの批判を受けかねません。米国においてこのように法制度を積極的かつタイムリーに改変し宇宙産業を振興する背景には、政治家や官僚がきちんとリスクを負担した事実があることを忘れてはならないと思います。

8・2　我が国も法制度の新設で米国を猛追

宇宙基本法制定を機に猛ダッシュ！

我が国では、2008年に「宇宙基本法」が制定され、その頃から民間商業宇宙産業の育成がより強く意識されるようになりました。同法のポイントは、①宇宙を「利用する」コンセプトが、初めて大きく盛り込まれたこと、②宇宙利用を、広く一般企業のビジネスも含めて想定し直していること、③安全保障上の宇宙利用のニーズを広く認めたこと、の3つです。

さらに2016年に、いわゆる「宇宙2法」、「宇宙活動法」と「衛星リモートセンシング法」が整備されました。

「宇宙活動法」とは、民間企業が宇宙事業に参入しやすくすることを念頭に、衛星やロケットの打ち上げおよび管理に関する許可、および、万一落下事故が起きた場合の損害賠償について規定している法律です。

「衛星リモートセンシング法」は、リモートセンシングにより得られた、安全保障上重要にもなりうる情報の扱いや、輸出のルールなどについて定められている法律です。

そして2021年6月には、宇宙資源の私有を認める「宇宙資源法」が制定されました。日本は、米国、ルクセンブルク、UAEに次ぐ世界4番目の国です。

このように、商業宇宙開発を念頭に置いた法制度が、今急速に整備されつつあります。

宇宙ベンチャーの支援策続々

法律整備に加えて、宇宙ベンチャーの支援策も続々と新設されました。

S-NETは、内閣府宇宙開発戦略推進事務局が2016年に立ち上げたネットワーキング活動です。イベントや政策などの情報を共有したり、「S-NET相談窓口」を通じた相談活動、「宇宙ビジネス創出推進自治体」の育成・支援、衛星データ利用等に関する出前講座などを行っています。

S‐Boosterは2017年に立ち上げられた「宇宙を活用したビジネスアイデアコンテスト」です。民間から広くビジネス・アイデアを募り、専門家がメンターとして付き添って事業計画を磨き上げます。そして最終選考でファイナリスト同士が競い合って各種受賞者を選定します。

また2018年3月20日には、安倍元首相が宇宙ベンチャー向けに1000億円の資金供給を行うことを発表しました。2018年度から5年間、日本政策投資銀行や産業革新機構を通じて、宇宙産業に対して1000億円の投融資を行うという政策です。

加えて、「テルース（Tellus）」は、一般にはなじみの薄い衛星データを、オープン・リソース化し、無料で個人や企業がデータを利活用できるようにした事業です。[*3]

米国と比べて遅れていた我が国の民間商業宇宙支援は、このように強烈に巻き返していきます。技術力としては世界に冠たる我が国のことですから、近い将来環境さえ整えば、世界的な競争力のある宇宙ベンチャーが多数輩出されるものと期待されます。

8・3 JAXAで始まる「一歩前へ」

ニュー・スペースの世界的な潮流のなかで、JAXAもまた一歩前へ出ようと積極的に改革を行っています。

J-SPARC

「J-SPARC」は、事業コンセプトの検討から、事業実現のための技術開発や実証実験等の一式を、JAXAが宇宙ベンチャーと共同で行う新しい研究開発プログラムです。

後述する我が国の宇宙ベンチャー、スペースウォーカー社の有翼機によるサブオービタル旅行事業や、スペースBD社の「宇宙飛行士の訓練方法×次世代型教育事業」等多数の事業が選定されています。

副業解禁

多くの日本企業と同様に、ＪＡＸＡにおいても副業（兼業）が解禁になっています。「クロスアポイント制度」では、業務時間の一定量をＪＡＸＡ以外の企業での勤務に充てることができるようになりました。つまり、ＪＡＸＡの業務の一環として、例えば週に１日は宇宙ベンチャーに出社して、その会社の業務をサポートする、なんてことができるようになっています。一種の部分的な出向に近い形態と言えるでしょう。

出向先の宇宙ベンチャーは、ＪＡＸＡ職員の支援を受けられるわけですから、当然その対価をＪＡＸＡに対して払うことになります。そしてＪＡＸＡは、職員のこの活動を業務として算入し、職員に対し給与を払いながら活動を継続していくことになります。

こんな労働スキームが可能になっているなんて、公的機関にしてはずいぶんと柔軟な組織運営になってきていると思いませんか。

我が国独特の従業員リスクの取り方

第六章で、スペースX社を例に、従業員もリスク分担の一翼を担っている話を書きました。[*4] 日本は従業員を一度雇用すると、裁判の判例などを通じて企業側からの解雇に厳しい要件が課されており、米国のように予防的に解雇するようなことはやりにくいのが現状です。これは経営者にとっては大きなリスクとなります。

その代わりに、我が国独自のやり方で、リスクの一部を経営者から移転することはできると思います。その一つの解が、JAXAが始めたこの部分的出向形態ではないかと思います。この形態では、宇宙ベンチャーの経営者はすぐにでも専門的な知見を取り入れることができ、いざとなれば出向契約を解除して柔軟に人件費を調節できます。

一方、JAXA職員にとっては、JAXAへの在籍を確保しながら、宇宙ベンチャーの新しい仕事に携わることができます。

JAXAにとっては、宇宙ベンチャーの振興に役立つとともに、JAXA内も活性化されるので、メリットの取れる制度設計になっていると考えられます。

まさに「三方一両得」とはこのことでしょう。転職が頻繁ではない我が国の雇用慣行に合わせながら、宇宙ベンチャーの経営者からＪＡＸＡや従業員に上手にリスクの一部を移転することに成功していると解釈できます。

ＪＡＸＡベンチャー

ＪＡＸＡのホームページには、「ＪＡＸＡベンチャー」９社が掲載され、職員が事業を起こすことも支援されています。

例えば、天地人社は、リモートセンシングを通じて得たビッグデータを、農業等の土地活用に応用する宇宙ベンチャーです。衛星データを使った栽培候補地探しや、農作物の敵となる夏の高温障害や病気発生リスクを可視化して、土地の活用効率を高めようとしています。また、地中埋設水道管の老朽破損箇所をＳＡＲ衛星を使って宇宙から特定する事業を始めており、自治体等から注目されています。

一般論として、ベンチャー・キャピタルの観点から見ると、エンジニアが主体となって創始した事業は、マーケティング力や資金調達力に課題があることが多いですので、ＪＡＸＡベンチャーにおいては、今後、経営や資金調達のプロを外部から招聘《しょうへい》して、日本でも米国のような潮流を作り出していただきたいと思います。

ＪＡＸＡも民間企業に出資できるようにすべき

「ＪＡＸＡも民間企業に出資できるようにすべきである」とは、筆者小松が、ＪＡＸＡの客員を務めながら長年主張し続けたことですが、２０２１年4月に「科学技術・イノベーション創出の活性化に関する法律」が改正され、税金投入ではなく自己収入の範囲で民間宇宙ベンチャーにも出資できるようになりました。

ＪＡＸＡが民間宇宙ベンチャーに出資するというと、「ＪＡＸＡが金儲けをするなんて」というご意見の方もいらっしゃるかもしれません。しかし、投資を生業《なりわい》とする筆者小松の意見は少し異なります。「国民の税金で宇宙開発をしてきたＪＡＸＡは、技術的な成果を達成すべきことはもちろん、もし機会があれば、積極的に投資を回収して、資金提供してくれた国民に還元すべきである」という考え方です。

逆に、宇宙ベンチャーに対して技術や知見を無償提供することこそ不平等なのではないかという考え方も成り立ちます。第七章で解説したように、[*5] 企業の利益は株主のものですから、宇宙ベンチャーに出資して将来利益が上がったら、利益の分配を受けられます。この分配額をＪＡＸＡの予算に組み込むことができれば、国民の税負担を減らすことにつながります。

さらに、株式に出資する代わりに、技術指導の対価として「新株予約権」[*6]の付与を受けられれば、出資時点での資金の拠出も不要になります。

現在ＪＡＸＡは、民間ＶＣと組んで共同ファンドを設立しようとしています。ＶＣは、投資リスクを抑えながら資金を提供するための知見を豊富に有していますので、ぜひとも先進的な知見や投資手法を活用してほしいと思います。

革新的衛星技術実証プログラム

「革新的衛星技術実証プログラム」は、宇宙ベンチャーや大学等の小型衛星に安価な実証機会を提供してくれる画期的な事業です。

第七章において、衛星ベンチャーにとって、実際の宇宙空間に打ち上げて衛星が機能することを確認する「軌道上実証試験」が、顧客をつかむために重要であることを述べました。[*7]未だ売上が立っていない段階で、研究開発のプロセスでも最もオカネを食う衛星の打ち上げをＪＡＸＡが手助けしてくれるなら、願ってもない幸運です。

第1回は２０１９年1月に民間企業や大学から7機の衛星等がイプシロン・ロケットで打ち上げられ、第2回は２０２１年11月に9機の衛星等が打ち上げられました。そして第3回は、ＱＰＳ研究所の2機の商業衛星と6機の実証衛星が混載されて、２０２２年10月に打ち上げられましたが、残念ながら打ち上げ中の不具合により指令破壊されました。

衛星ベンチャーが軌道上での実証試験に成功すれば、顧客との契約締結の可能性が大きく高まり、仮に失敗したとしても、改良のための知見が得られます。「革新的衛星技術実証プログラム」はまさに、宇宙ベンチャー振興のための革新的なプログラムになっています。

また、類似の制度として、「産学官による輸送／超小型衛星ミッション拡充プログラム」があり、国内のベンチャー企業のロケット等を活用した打ち上げや軌道上実証についてのＪＡＸＡによる支援の枠組みも進められつつあります。

宇宙探査イノベーションハブ

将来的に宇宙で人々が暮らす社会を実現することを想定すると、「地上のあらゆるビジネス」が宇宙に行っている必要があります。２０１５年に始まった「宇宙探査イノベーションハブ」では、従来は宇宙とは直接的に関係しないと思われていた様々な分野を含む民間からの提案を受け付け、ＪＡＸＡとの共同研究の道を開いています。

宇宙とは異分野の人材・知識を重視した提案を幅広く受け付けている点が特徴です。農業や建築関連の様々な共同研究がなされていますし、化粧品企業、おもちゃ企業からの提案もなされています。非宇宙のベンチャー企業や、時には零細企業と思われるようなところからの提案も果敢になされています。

あなたのアイデアでＪＡＸＡとの共同研究にチャレンジしてみませんか？

革新的将来宇宙輸送プログラム

このプログラムは、宇宙輸送をはじめとする宇宙産業を日本の主要産業の一つとすることを目的に、これまでにない高い頻度で地上と宇宙とを往復する宇宙輸送システム（ロケットや有翼往還機など）の実現を目指して２０２１年に始まりました。

特徴は地上における技術課題解決と宇宙輸送における技術課題解決を融合していることで、

前述の宇宙探査イノベーションハブと同じく、宇宙輸送とこれまで関係が薄かった分野との共同研究、開発を積極的に進めていることです。始まってから日が浅いこともあり、将来の宇宙輸送システムを開く可能性のある新たな技術、研究テーマを広く募っています。

8・4　我が国の宇宙ベンチャー列伝

本章の最後に、日本の宇宙ベンチャーに関しても概観しておきましょう。

日本の宇宙ベンチャーの社数は、数年前までは20社程度で数えられるくらいでしたが、ここ数年で急拡大して、現在では100社を超えたとも言われます。

第四章「宇宙ビジネスの注目8分野」の枠組みに沿って、①ロケット開発、②民間宇宙旅行、③リモートセンシング、④軌道上サービス、⑤宇宙ステーション、⑥資源探査、⑦その他、の順にご説明していきます。8分野のうち「通信コンステレーション」と「安全保障ビジネス」はこれから本格化する領域ですので欠番としています。

ロケット開発

ロケット開発の分野で、皆さんが一番ご存じの企業は、インターステラテクノロジズ社（2013年事業開始、北海道広尾郡大樹町、時価総額225億円）[*8]でしょう。2005年に小型ロケット開発を目的に全国の宇宙好きが集まったことが、創業のきっかけです。風呂場で燃焼実験を行っていたという逸話や、ホリエモンこと堀江貴文氏が出資していることでも有名です。

2013年に正式に事業を開始し、小型ロケット「MOMO」の開発を本格化しました。北海道大樹町の宇宙港「北海道スペースポート」にロケット発射場も確保しています。2017年7月の1号機と、2018年6月の2号機の打ち上げはともに成功に至りませんでしたが、2019年5月には、「MOMO3号機」で民間企業単独として日本で初めて宇

写真22　インターステラテクノロジズ社のロケット「ZERO」
©インターステラテクノロジズ

宙空間に到達しました。

現在は、小型衛星を軌道投入できる本格的な商用ロケット「ZERO」の開発[9]を進めるとともに、子会社アワスターズ社で①通信、②リモセン、③宇宙実験等の分野の衛星開発構想を打ち出して、第六章で紹介したような垂直統合戦略も推し進める計画です[10]（**写真22**、前ページ）。

また、スペースワン社（2018年7月設立、東京都港区）というロケット・ベンチャーもあります。こちらは、キヤノン電子、IHIエアロスペース、清水建設、日本政策投資銀行の4社が出資して設立された会社です。日本のお家芸ともいえる固体燃料技術を活用したロケット「カイロス」を開発中で、和歌山県串本町にできたスペースポート紀伊から、2023年に初の打ち上げ実施を計画しています。

第三章で述べたように、ロケットを利用する顧客のニーズとしては、打ち上げコストの安さもさることながら、打ち上げのタイミングを柔軟に設定できることも重視されます[11]。同社は、射場で衛星を受領してから打ち上げまで4日間という驚異のスピードと、割安な価格設定を組み合わせた事業展開を計画しています。

民間宇宙旅行

名古屋に本拠を置くＰＤエアロスペース社（２００７年5月設立、愛知県名古屋市）は、再使用型有翼宇宙機「ペガサス」（写真23）を開発する宇宙ベンチャーです。空気のない環境で使われるロケット・エンジンと、空気のある環境で使われるジェット・エンジンを複合し、同一エンジン内でモードを切り替えられる点が特徴です。大気圏と宇宙を自由に行き来できることにより、既存の空港をスペースポートとして活用できるようになるため、現在、沖縄県の下地島空港を試験拠点として、スペースポート化を進めています。

写真23　PDエアロスペース社「ペガサス」
Ⓒ PDエアロスペース

これまでに、ＡＮＡ、ＨＩＳなどの事業会社のほか、みずほ銀行や名古屋銀行を母体とする金融系のファンドからの出資を受けています。２０３０年までに、サブオービタル宇宙旅行を実現すべく開発を進めています。

スペースウォーカー社（２０１７年12月設立、東京都港区）は、サブオービタル旅行を目指す宇宙ベンチャーです。創業者である米本浩一教授は、90年代に宇宙開発事業団（現ＪＡＸＡ）の宇宙往還機「ＨＯＰＥ」の開発に携わったのち、２０１７年に同社を設立しました。あえて非宇宙分野を含めた段階的な事業計画を描くことで、スペースＸ社が行ったように段階的に夢を実現する事業計画となっている点に特徴があります。

まず最初に、ロケットで培った軽量高強度のタンク技術を活用して、炭素繊維で作った水素タンクの販売事業で収益を稼ぎます。今後の水素社会を見通すとタンク需要が急増すると予想されるためです。最終目的である有人サブオービタル旅行の開発と同時並行して、早期に収益化しやすい事業から順に、①タンク事業、②低軌道への衛星投入事業、③有人サブオービタル旅行と収益事業を重ね合わせていきます。こうした段階的、重層的な事業展開によって、キャッシュフロー（現金）の獲得能力を証明しながら、比較的長めの研究開発でも投資家からの信頼を絶やさずに、円滑な資金調達を実現する戦略です。

第四章でもご紹介した岩谷技研社（２０１６年４月設立、北海道札幌市）は、成層圏気球による宇宙旅行を実現しようとしている会社です。[*12] ２０２３年度に世界最初の商業インを目指して、まもなく先行予約を開始する予定です。

リモートセンシング・衛星データ解析

衛星リモートセンシングの分野で日本を代表する企業が、アクセルスペースホールディングス社（２０２０年３月設立、東京都中央区、時価総額１１６億円）です。第三章でご紹介した東京大学中須賀研究室に在籍していた中村ＣＥＯが２００７年に起業しました[*13]（持ち株会社形態に転換したのは２０２０年）。２０１３年に気象予報ベンチャー企業で上場企業でもあるウェザーニューズと組んで衛星「ＷＮＩＳＡＴ－１」を打ち上げていますので、皆さんも間接的にお世話になっているかもしれません。

現在、「アクセルグローブ」と「アクセルライナー」の2つの事業を進めています。「アクセルグローブ」は、小型衛星「グルース」のコンステレーションによるリモートセンシング事業です。現在衛星5機体制（**写真24**、次ページ）で、農業、安全保障、土地活用等の分野の顧客に対して、衛星画像と解析サービスを提供しています。将来50機程度まで増やす計画です。

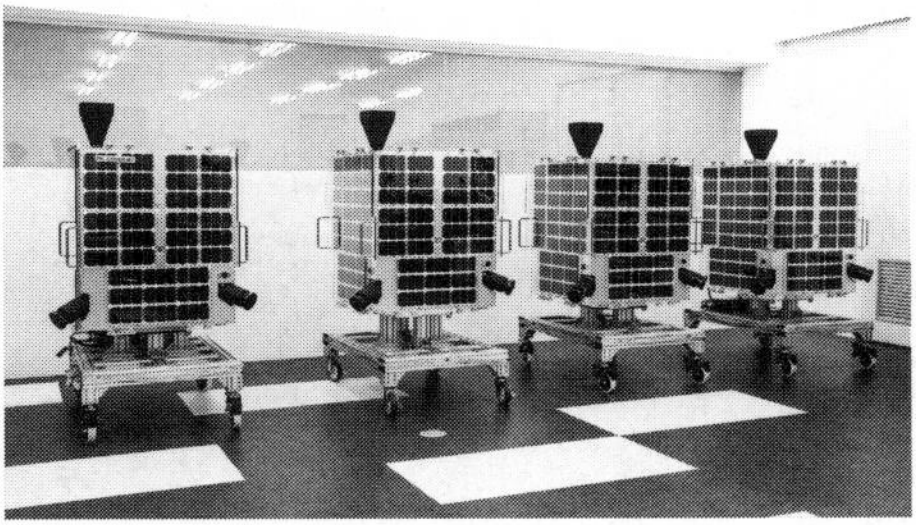

写真24　アクセルスペース社のコンステレーション衛星

©アクセルスペースホールディングス

「アクセルライナー」は、衛星の設計、製造から運用までを、顧客のニーズに即してワンストップで提供する統合型サービスです。公的機関等のニーズに即して衛星を設計、開発、製造して納入し、将来は運用までの一貫サービスを手掛ける計画です。

また、SAR衛星の分野でも日本は世界トップクラスの技術を誇り、世界主要4社のうちの2社である、シンスペクティブ社（2018年2月設立、東京都江東区、時価総額403億円）とQPS研究所社（2005年6月設立、福岡県福岡市、時価総額189億円）が我が国に存在します。フィンランドのアイサイ社や米国のカペラスペース社に比べて打ち上げている衛星の数は少ない状況ですが、衛星性能の高さに加えて、防衛省や内閣府からの受注等と資金調達を受けて打ち上げ機数を加速する計画ですので、いずれ世界トップに昇格する可能性が十分にあります。

一方、第三章でご紹介したような「宇宙に行かない宇宙ベンチャー」も多数存在します。[*14]

ウミトロン社（２０１６年４月設立、東京都品川区）は水産養殖業向け、天地人社（２０１９年５月設立、東京都港区）は農業等の土地活用向けに衛星データの解析、活用を行っています。

第四章でもご紹介したスペースシフト社[*15]（２００９年12月設立、東京都千代田区、時価総額12億円）は、主にＳＡＲ衛星のデータを解析する解析事業者です。世界中の衛星から送られてくるデータを解析して、ロシア軍のウクライナ侵攻をモニタリングしたほか、２０２０年10月に東京都調布市の道路陥没事故が、付近の地下道路工事とつながっていることを日本経済新聞社等と協働して突き止める成果を上げています。

宇宙ステーション関連ビジネス

スペースＢＤ社（２０１７年９月設立、東京都中央区、時価総額１１０億円）は、三井物産出身の永崎将利氏が「宇宙商社」というコンセプトを掲げ、①衛星打ち上げサービス、②ＩＳＳ実験サービス、③宇宙機器調達販売サービス、④プロジェクト型事業開発サービス、⑤教育事業等を幅広く展開する企業です。２０１８年にＩＳＳの日本実験棟「きぼう」から超小型衛星を宇宙空間に放出する事業者としてＪＡＸＡから選定され、これまでに累計約60機の衛星打ち上げを手掛けています。２０２１年11月には、スペースX社と日本初の代理店契約を締結し、２０２３年1月に9機の衛星打上げを成功させています。

宇宙ロボット開発のギタイ・ジャパン社（２０１７年10月設立、東京都大田区、時価総額１８５億円）は、宇宙空間で働くロボットを開発しています。２０２１年8月に、同社の開発した宇宙ロボットがＩＳＳに運ばれ、微小重力環境で動作することが確認されました。ＩＳＳに滞在する宇宙飛行士は、かなり過密なスケジュールをこなさなければなりません。この宇宙飛行士の負担を少しでも軽減する試みとして、ギタイ社のロボットへの期待が集まっています。

将来的には、月面など人間にとって過酷な環境下で、運搬、建設等の様々な作業に従事すべく、現在開発が続けられています。

軌道上サービス

第四章でご説明したように宇宙デブリの問題は年々深刻化していると考えられ[*16]、特に小型衛星によるコンステレーション計画が乱立する今後は、大きな事故につながりかねないリスクが急速に高まっています。

そんななかで、アストロスケール・ホールディングス社（2013年5月設立、東京都墨田区、時価総額979億円）は、捕獲衛星と疑似デブリ衛星から成る「エルサd」を、2021年3月に打ち上げ、同年8月に捕獲試験に成功しています。

宇宙デブリ問題では、誰がオカネを支払うのか、すなわち「マネタイズ」の問題[*17]が歴史的な課題となっていましたが、アストロスケール社は、「既存のデブリに優先して、今後発生するデブリの予防をマネタイズする」という戦略で、問題を解決しようとしています。第三章[*18]と第四章[*19]で、今後メガ・コンステレーションが膨大な量の衛星を打ち上げることをご説明しました。これから上げる衛星なら責任の所在が明白ですので、同社のデブリ除去衛星とのドッキング・プレートを予《あらかじ》め付けてから打ち上げれば除去が容易になります。同社は、英国のワンウェブ社を主要顧客にドッキング・プレートを据え付け、2025年以降のサービス開始を計画中です。

一方、「将来のデブリ」に照準を合わせてビジネスを進める間に、世界の意識が同社に追いつき、規制化の機運が高まりました。2022年9月には、衛星に電波を割り当てる米国の機関FCC（米国連邦通信委員会）が、機能停止衛星を5年以内に軌道上から排除することを義務づける命令を制定しました。また、既存のデブリについても各国政府や宇宙機関がオカネを払うという形で、マネタイズの可能性が開けてきました。2023年には、JAXAが昔打ち上げたH2ロケットの上段除去に向けた実証衛星が打ち上げられる予定です。このプロジェクトは、実質的にアンカーテナンシー契約となっていると言えます。[*20]

宇宙資源開発

アイスペース社（2010年9月設立、東京都中央区、時価総額756億円）は、既にご紹介したチーム・ハクトの企業です。2017年に100億円を超える資金調達に成功した後も開発を続け、2022年12月11日に最初の打ち上げ（「HAKUTO-R」ミッション1）を実現しました（**写真25**）。この「ミッション1」では、アラブ首長国連邦の宇宙機関が開発す

写真 25　アイスペース社のランダー　© ispace

る月面ローバーや、日本特殊陶業の実験装置などを積んで月面着陸に挑みます。また、２０２４年には、２回目の試験ミッションとして、高砂熱学工業の実験装置など、多くの企業からの貨物輸送が計画されています。

アイスペース社には、三井住友海上火災保険も出資しています。三井住友海上火災保険は、ミッション１を補償する月保険を、アイスペース社と共同で開発しています。今後活発化する月活動を見据えた、積極的な新商品開発と言えるでしょう。

ここで、「保険」に関する一般的な話を付け加えたいと思います。「打ち上げ保険」等の保険商品は既に普及しており、打ち上げに失敗した時には、搭載された衛星に対する補償が支払われます。これに対し月保険のような保険商品は、「ミッション保険」という比較的新しい保険に属すると言えるでしょう。これは、月着陸という成功確率の計算が難しい任務（ミッション）をカバーする保険です。保険会社の立場から考えると、こうした新しい分野への保険設定は、一定のリスクを負うはずです。また、そうしたリスクを保険会社が負うということは、「失敗する確率が限定的である」という評価（またはお墨付き）を与えてくれたのと同様の効果があるでしょう。このように、保険会社のリスク・テイクは、新たな産業を興すために重要な役割を果たしています。

また、アイスペース社は米国のドレイパー研究所とチームを組んで、2022年7月に7300万ドル（102億円）でNASAのCLPSミッションを落札しました。[*21] 2025年打ち上げ予定のこのミッションは、NASAとして月の裏側に初めて実験装置を送り込みますので、同社チームに寄せるNASAの期待と信頼がうかがわれます。

我が国には、アイスペース社以外にも月を目指す企業、ダイモン社（2012年2月設立、東京都大田区、時価総額51億円）があります。同社のローバーYAOKIは、手のひらに載る極小サイズのローバーですが、米国アストロボティック社、または同じく契約した米国インテュアティブ・マシーンズ社のランダーに乗って、2023年にも月面に運ばれることになりそうです。

ダイモン社の中島紳一郎社長は、2012年に起業し、自身で開発した極小ローバーを月に運べないかと、米国アストロボティック社にアピールして搭載にこぎつけました。極小ローバーYAOKIは「七転び八起き」から名付けたネーミングです。極小とはいえ、アストロボティック社の審査を受けてパスしています。ダイモン社は当時、創業7年、社員は中島社長だけという無名のベンチャー企業でしたが、「審査に当たって従業員数など聞かれることもなく、技術力だけを偏見なく評価してくれたことが印象的だった」と聞きます。ベンチャー精神にあふれる経営者が、新たな産業を切り開いていくことをあらためて感じるエピソードです。

その他

これまで第四章でご紹介した8分野の枠組みで見てきましたが、日本の宇宙ベンチャーには、こうした枠に収まらない、独自の事業を展開する企業が少なくありません。最後に「その他」としてご紹介しましょう。

夜空に人工流れ星を飛ばそうとしている宇宙ベンチャーについて、聞き覚えのある方も少なくないでしょう。社名を、エール社（2011年9月設立、東京都港区、時価総額71億円）

といいます。流れ星の素となる金属球を衛星から放出して大気圏に突入させると、空力加熱で高温になり発光するという、エンターテインメント・サービスです。

人工衛星向けのアンテナをシェアリングするというユニークなビジネスを展開するのは、２０１６年に設立されたインフォステラ社（２０１６年４月設立、東京都新宿区、時価総額47億円）です。第三章でもご紹介しました。[*22]

同様にダウンリンクの混雑解消という問題に、光通信衛星を使った解決策を提供しようとしているのがワープスペース社（２０１６年８月設立、茨城県つくば市、時価総額30億円）です。静止軌道と低軌道の中間に位置する「中軌道」に光通信中継衛星を飛ばして、低軌道を飛ぶ衛星から地上と反対方向の中継衛星にいったんデータを送り、中継衛星から地上のアンテナにデータを送信するというユニークなビジネス・モデルを考えています。

３機の中継衛星を中軌道に飛ばせば、地球全球の低軌道に散らばっている衛星から、光通信を通じてデータを転送することが可能となります。２０２５年に最初の中継衛星を打ち上げるべく、規模拡大を進めています。

最後にご紹介したいのが、アストラックス社（２０１６年７月設立、神奈川県鎌倉市）という会社です。宇宙飛行訓練ビジネスや宇宙関連の施設体験ツアーなど多彩な事業を手掛けますが、ここで紹介したいのはもっと別のビジネスです。

同社社長の山崎大地氏は、500以上の事業者[*23]と顧問契約を結んでいます。山崎氏は、ヴァージン・ギャラクティック社ほか複数社の宇宙旅行ベンチャーと搭乗契約を結んでいて、近い将来彼が実際に宇宙飛行を成し遂げた時に、契約企業の社長さんや社員さんたちは、「うちの顧問が宇宙に行きまして……」と自慢できる、というサービスになっています。

常人では発想も及ばない型破りなビジネスですが、これも立派な宇宙ビジネスであると思います。宇宙ビジネスをそんなに難しく考える必要などなく、読者の皆さんでも手軽に着想できる日が、既に到来しているのだと考えるべきでしょう。

以上見たように、日本の宇宙ベンチャーが手掛ける事業分野は、既に多岐にわたり、また、拠点も全国にわたっています。東京はもとより、北海道から九州、沖縄まで、全国に本拠地や射場が分散している点も特徴です。政府の支援策も急速に充実していますので、今後、さらに多くのベンチャー企業が輩出してくることが期待されます。

読者のあなたも、気軽に宇宙ビジネスを発想してみませんか？

＊1 「第二章　2・2　宇宙が舞台の賞金レース　民間で宇宙一番乗りを競ったアンサリ・Xプライズ」参照。

＊2 「第一章　1・1『はじめに』解題　月の土地が1万円以下で売りに出される」参照。

＊3 https://www.tellusxdp.com/

＊4 「第六章　6・1　どのようにして宇宙ベンチャーの基礎を作ったか――第一段階　とにかく働く従業員もリスクを負う」参照。

＊5 「第七章　7・2　なぜド赤字の宇宙ベンチャーに法外な株価が付くのか　株価を求める万能算式」参照。

＊6 「第六章　6・1　どのようにして宇宙ベンチャーの基礎を作ったか――第一段階　とにかく働く社員のモチベーションを保つ経営手法――ジョブ・ホッピングとストック・オプション」参照。

＊7 「第七章　7・4　なぜド赤字の段階で株式上場が許されるのか　証券取引所が上場を承認」参照。

＊8 本節で、宇宙ベンチャーの社名の次に括弧内で引用しているデータは、基本的に「イニシャル」のデータに基づいています。

＊9　さらに最近、国内初の民間大型ロケット「DECA」の開発が発表されました。
＊10　「第六章　6・3　事業領域の拡大──第三段階　垂直統合戦略としてのスターリンク」参照。
＊11　「第三章　3・2　3つの革新とは　打ち上げ費用は歴史的に低下　ロケットの打ち上げ料金比較」参照。
＊12　「第四章　4・2　民間宇宙旅行　ナイショのおススメ宇宙気球旅行」参照。
＊13　「第三章　3・3　コンステレーション革命　日本は小型衛星さきがけの国」参照。
＊14　「第三章　3・4　宇宙に行かない宇宙ビジネスの躍進」参照。
＊15　「第四章　4・8　安全保障ビジネス　ウクライナ戦争で周知された宇宙の有用性」参照。
＊16　「第四章　〈コラム：衛星寿命とスペース・デブリの脅威〉」参照。
＊17　「第四章　〈コラム：衛星寿命とスペース・デブリの脅威〉」参照。
＊18　「第三章　3・3　コンステレーション革命」参照。
＊19　「第四章　4・3　通信コンステレーション　メガ・コンステレーション・ラッシュ」参照。
＊20　JAXAの公式ページでは、パートナーシップ契約と表現されています。
＊21　チーム全体の収益であるため、全額がアイスペース社の売上に寄与するわけではありません。
＊22　「第三章　3・4　宇宙に行かない宇宙ビジネスの躍進」参照。
＊23　https://www.astrax-lecture.space/profile

第九章

リスクとどう向き合うか

9・1　リスクの分散処理とは

宇宙ビジネスに限らず新たな産業が興ろうとする時には、様々なリスクが発生します。技術的に実現可能か、必要資金は調達できるのか、需要は本当にあるのか、価格は妥当か、優秀な人材を集めて定着させられるか、違法なビジネスと認定されてしまわないか、……新たな産業に挑む起業家は、これらのリスクを乗り越えていかなければなりません。しかし、いかに不屈の精神に満ちた起業家でも、これらのリスクをすべて一人で抱え込むのは非常に難しいでしょう。

これまで各章で見てきたように、特に米国では、起業家に集中しがちなリスクの一部を、顧客、従業員、投資家等、様々な主体が分担して引き取り、成功する企業が増えることを通じて新たな産業が成長する素地ができ上がっていると思います。こうした社会の体制を、「社会全体によるリスクの分散処理」とここでは呼びましょう。

この分散処理のおかげで、米国はこれまでも、ＩＴ、エネルギー、バイオ、ロボット、ＡＩ、そして宇宙と、多くの分野で急速に新興産業を立ち上げることができました。翻って我が国を眺め返すと、これまでは、米国とはむしろ正反対の状況が定着していました。投資家が米国ほどにはリスクを取ってくれないために、事業の初期に大量の資金が集まらず、「お客様は神様」の不文律により開発途上の失敗に対して顧客や社会から懲罰的な制裁を受ける傾向があり、法整備の遅れにより法的リスクが解消されず、従業員の雇用が既得権化しているために、常に解雇リスクのない範囲でしか従業員を増やせない、……その結果、あらゆるリスクが起業家に集中してしまって、事業が十分に成長する前に挫折してしまう……というようなことが、多く起こっていました。

しかし、第八章で見たように、少なくとも宇宙産業に関しては、我が国も短期間で世界にキャッチアップし、急速に産業興隆の効率性を高めようとする機運が生じています。[*1]

本書の最終章となる第九章では、これまで各章で断片的に指摘してきた「社会全体によるリスクの分散処理」のありようをもう一度整理して、新産業振興のためのポイントについて考えてみたいと思います。

9・2　各主体のリスク・テイク

顧客

第三章[*2]や第四章[*3]、第八章[*4]では、宇宙ベンチャーと顧客との関係について触れました。

我が国では、「お客様は神様」の不文律が暗黙のうちに社会に浸透していますが、新産業の興隆という観点からは弊害も多いと考えられます。

例えば、新たなロケットを開発して顧客の衛星を運ぼうとする場合、米国では、様々なリスク（開発の遅延リスクや打ち上げの延期、爆発のリスクなど）に対して、顧客とロケット・ベンチャーが積極的にリスクの分担について話し合う素地がありますが、我が国では顧客にリスクを負担させることをタブー視するような風潮さえ感じられます。

また、第八章で見たように[*5]、米国では宇宙旅行の搭乗客も一定のリスクを負担しており、インフォームド・コンセントに則《のっと》って、たとえ死亡事故が起こったとしても、規定を超えた損害賠償を請求しないことを契約します。

顧客重視の文化は美徳である半面、新たな産業を興す観点からは、米国型のイコール・フッティング（契約上の対等性）の価値も再度見直す必要があるのではないでしょうか。

一方、我が国でも、B to Bの宇宙ビジネスに関しては、顧客のリスク・テイクは確実に変化しつつあります。第八章でもご紹介したクロスウェーバーの考え方[*6]（損害賠償の相互放棄）は顧客の間に浸透してきており、（保険等でリスクをヘッジしながらも）リスクを取ってロケットの打ち上げや貨物の輸送等を契約する顧客が着実に増えてきています。

保険会社

第四章でお話ししたように、[*7]保険会社が一定のリスクを負担してくれるおかげで、荷主やロケット・ベンチャーは一定のリスクをヘッジできるようになり、新産業の発展に貢献しています。

保険会社が果たす役割には、別の側面もあります。第八章のアイスペース社の例[*8]では、「ミッション保険」といわれる新しい保険が付与されていました。世界で初めての民間月着陸に保険が付与されるというのは、保険会社が各社の技術を綿密に調べた上で一定の評価

（お墨付き）を与えているとも解釈できるわけです。この保険会社のお墨付き効果は、保険によるリスク・ヘッジ効果と並んで、新産業の育成の上で大きな機能を果たすと注目されます。

しかもリスクを取って新分野に乗り出した保険会社は、新商品開発で同業者との差別化を確立し競争優位に立てるわけですから、まさに宇宙ベンチャーとＷｉｎ–Ｗｉｎの関係を保って新産業を形成する重要な担い手となっていると考えられます。

従業員

第六章で、米国では従業員が、解雇リスク、減俸リスクなどを取っているおかげで、経営者はリスクを軽減できている側面があると述べました。[*9]

また、優秀な人材を集めるという宇宙ベンチャーの経営課題に対して、ストック・オプションが有効であると述べました。雇われる人材の立場から見れば、今得られるはずの高額の給料を留保して、将来の破格のボーナスを狙うわけですからリスクがあります。雇用された宇宙ベンチャーが成長しなかったり、倒産すれば、将来のボーナスは手に入らなくなります。

優秀な人材は、こうしたリスクを冒してでも転職する価値があると腹を決めて、例えば大企業の重役から宇宙ベンチャーに転職してくれることになるわけです。

我が国でも、宇宙ベンチャーのほとんどでストック・オプションが活用されていますし、第八章でご紹介したように[*10]、ＪＡＸＡ職員が宇宙ベンチャーに部分出向する例が出てきています。

雇用慣行は、その国の文化と一体化していますので、短期間に人為的に変えるのは難しいと思います。我が国では、米国流のやり方ではなく、我が国の文化的背景に即して、部分出向など従業員のリスクを限定できる独自のやり方を模索するのがよいのではないでしょうか。

政府

第八章で述べたように[*11]、米国では、１９８４年という極めて早い段階に商業宇宙打上げ法が制定されました。さらに、スペースシップ・ワンが宇宙に到達した2か月後の２００４年12月に、世界で初めて宇宙旅行産業を本格的に促進させる法改正が承認されました。実に素早く、機動的な法整備だと思います。

迅速な法制度の整備は、政治家や行政などの為政者にとってはリスクとなります。新たな法制度が原因で社会に混乱をもたらしたりすれば、官僚や政治家に対する批判につながるからです。このため、法律改正には、官僚や政治家がリスクを取る覚悟が必要となります。

我が国では、第八章で述べたように、[*12] ２００８年に「宇宙基本法」が制定されて以降、急速に法整備が行われ、世界にキャッチアップしました。２０２１年に制定された宇宙資源法では、宇宙資源の民間所有権を認める世界で４番目の法整備国となりました。

日本には十分な宇宙技術の蓄積があり、リスクを取った積極的な法整備が行われれば、宇宙産業を日本の基幹産業に昇格させられると考えられます。また、我々国民も、新たな法制度が様々な問題を引き起こした場合でも、リスクを取った為政者に対して安易に批判するのではなく、よりよい法制度にブラッシュアップしていくように建設的な議論をするよう心掛けるべきであると考えます。

宇宙機関

第五章では、「ＣＯＴＳ」を例にＮＡＳＡがどのようにリスクを取って民間商業宇宙開発を進めていったかについて見ました。[*13]

そもそも、ＮＡＳＡが負担した最大のリスクは、「ＩＳＳへのヒトや貨物の輸送を民間に任せるという決断そのもの」だったでしょう。

また、ＣＯＴＳでは、宇宙ベンチャーが起こした損害賠償等をＮＡＳＡが負担する契約でしたので、これも大きなリスク・テイクです。

そのほか、マイルストーンを設定し、段階を追って宇宙ベンチャーを指導しながら、自らの知的財産や設備を使わせたわけですから、これらの時間やコストはすべてＮＡＳＡが負うリスクでした。

ＮＡＳＡのリスク・テイクのおかげでスペースＸ社等の宇宙ベンチャーが育ったと言えますが、ここで強調しておきたいことは、ＮＡＳＡのリスク・テイクだけでなく、リスク・ヘッジもまた、ニュー・スペースの発展を促進したということです。

第五章で見たように、[*14]ＮＡＳＡはリスクのヘッジも積極的に行っていました。従来のコスト・プラス方式を廃して、民間企業がきちんと赤字リスクを取って事業を進める商業取引標準に切り替えました。これにより宇宙ベンチャーは、コスト削減の努力をし、採算性を高めなくてはならない代わりに、コストを十分節減できれば高い利益を上げることができます。

また、ロケットプレーン・キスラー社が資金難に陥った時、資金調達自律の原則を守って救済しませんでした。

NASAのリスク・ヘッジは、NASAから民間企業へのリスクの移転を意味しますので、宇宙ベンチャーにとってはありがたくないことかもしれませんが、正常な市場原理を宇宙産業にも取り入れることによって、健全で自律的な市場を創生したという深い意義があったと考えられます。

このように、NASAは積極的にリスクを調整することによって、民間商業宇宙産業の育成を進めていきましたが、途中、米国がISSへの人員輸送能力を失う期間が続いた（2011年～2020年）例のように、リスクの負の側面が露呈したこともありました。しかしながら、現在のニュー・スペースの百花繚乱《りょうらん》ぶりを見れば、NASAのかじ取りは正しかったと評価してよいと思います。

一方、我が国も、第八章で見たように、[*15] JAXAが民間宇宙ベンチャーや非宇宙企業と連携する新たな試みも始まっています。法改正に伴い、JAXAが民間宇宙ベンチャーに出資することも可能となりました。第五章で読み解いたCOTSの教訓[*16]を再認識し、今後に活かすことで、我が国の商業宇宙産業のさらなる発展を期待したいと思います。

証券取引所・証券会社・監査法人

第七章で述べたように[*17]、資本市場（株式市場）は、新たな産業にリスク・マネーを供給する重要な存在です。資本市場では、証券取引所、証券会社、監査法人などが連携・牽制しながら投資家保護と新産業の振興に貢献しています。

なかでも証券取引所は、企業の上場を承認して資本市場を律する権限を持ちますので、投資家保護と産業振興の間で常に板挟みになります。そうしたなか我が国の東証は、赤字企業の上場を積極的に認めるなど、投資家保護から一歩、産業振興側に寄る変化を見せています。投資家保護と産業振興のバランスは難しい問題ですが、従来の状況から踏み出すことは、新興産業の世界的競争力を確保する上で重要なポイントであると考えられます。

投資家

リスク・マネーの供給者である投資家は、社会によるリスク分散処理のなかでも特に重要な主体の一つです。第七章では、リスク許容度の順位に応じて、「政府資金」＜「エンジェル・マネー」＞「ファンド・マネー」＞「個人投資家マネー」＞「年金マネー」という序列があることを述べました。[*18] ベンチャーの事業が発展し、投資リスクが削減されるに従い、リスク許容度の低い投資家が段階的に参入できるようになり、資金調達の規模が拡大します。一定程度不確実性が低まったと証券取引所が判断すれば株式上場が承認され、一般投資家でも投資することができるようになります。宇宙ベンチャー側から見れば、上場を機に資金調達の規模が格段に高まり、会社をさらに発展させることができるようになります。

我が国でも、第1号の宇宙ベンチャー上場が期待されています。東証が宇宙ベンチャーのようなハイリスクな事業の上場を認めれば画期的であり、新産業育成の上でも大きな意味を持ちます。その一方で、株式投資は基本的にハイリスクですし、株価変動も宿命づけられています。短期的な変動に一喜一憂することなく、投資家がしっかりとリスクを取って合理的な投資活動を保つことが、産業を育てる観点からは重要であると考えられます。

経営者

経営者は、新産業創出の最も重要なエンジン役であると同時に、最もリスクの集中しがちな主体です。第六章では、スペースX社を例に、イーロン・マスク氏の経営の天才ぶりについてご紹介しましたが、[19]一方でリスクを積極的に分散処理させていることにも注目すべきです。初期には、NASAや従業員の期待やモチベーションを操ってリスクを分担させ、見事COTSを通じて宇宙ベンチャーの基盤固めを果たしました。軍との合意形成に際してはケンカ的な手法も使いましたが、多角化による相乗り需要の拡大を含め多くの顧客を巻き込みました。当然保険会社にもリスクを分担してもらっています。ビリオネアとはいえ、折に触れ投資家を募り、資金調達にも成功しています（月の周回に応じた前澤さんも、スペースXの新事業に対する投資家としての役回りを果たしていると言えるでしょう）。

「多くの主体を巻き込んでリスク分散しながら、自らが選択すべきリスクを見定め、常識にとらわれない発想とビジネスの知恵とを融合させてこのリスクを克服する」。これが、マスク氏の経営スタイルであり、NASAでも至難な偉業を成し遂げられる秘密であると思います。

我が国でも、第八章で見たように独創的な宇宙ベンチャーを率いる経営者が多数輩出されてきています。[20]技術的な蓄積においても、地理的な条件においても、宇宙産業を重要な産業の柱に育てられる条件が、我が国にはそろっていると思います。ぜひ今後も、本書で明らかにしたような社会全体によるリスク分散を一層推し進めることによって、世界に冠たる民間宇宙産業を育てていくべきだと考えます。

9・3　思考実験

本書の最後に、我が国の民間宇宙産業を世界的な基幹産業に育て上げるための具体策について、少し思考実験をしてみたいと思います。一つの例として、宇宙太陽光発電（ＳＳＰＳ）を基盤にした日本の産業育成策について考えてみましょう。

宇宙太陽光発電（ＳＳＰＳ）とは

宇宙太陽光発電（ＳＳＰＳ）という構想があります。

軌道上に、例えば一辺が２㎞四方の巨大な太陽光発電パネルを浮かべます。「一辺2キロ」なんて、とてつもなく巨大に感じるかもしれませんが、宇宙空間は広大ですのでたいしたことのないサイズです。そして、この太陽光パネルで発電し、得られた電力を、一端マイクロ波（またはレーザー光線）に変換して、宇宙から地上まで無線伝送します。次いで、建造された直径４kmのレクテナ（アンテナ）で、送られてきたエネルギーを集めて再び電力に変換する仕組みです（写真26）。

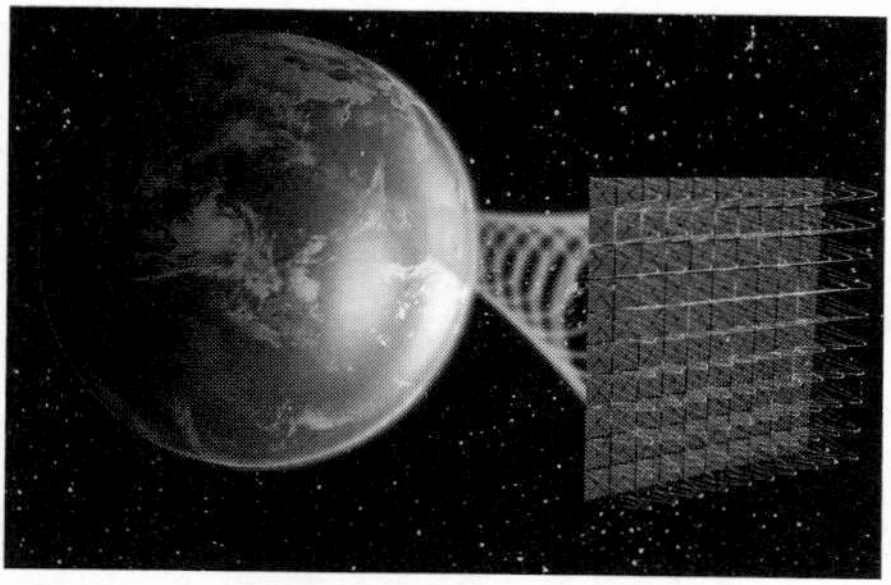

写真 26　宇宙太陽光発電の一例　© JAXA

宇宙には曇りはありませんので、24時間３６５日安定して発電し、電力を地上に下ろすことができます。二酸化炭素を発生させないクリーンなエネルギーです。スマホや電気自動車にマイクロ波を電力に変換する機構を搭載すれば、宇宙から降り注ぐ電力で自動充電し続ける未来像も描けます。実現にはまだまだ技術的な課題があるのですが、その説明は他所に譲りましょう。

もともとは１９６０年代に米国で発案されましたが、米国での研究が下火になるなかでも、我が国は継続的に開発を進めてきた結果、現在では世界有数の技術を蓄積している分野です。近年、この技術に目を付けた中国が、実現に向けて急速に研究開発しているようです。

余談ですが、吉田修一氏原作、藤原竜也氏主演で、『太陽は動かない』という映画が、2021年に封切られました。産業スパイによる機密争奪戦について描かれたドラマですが、各国の産業スパイたちが奪い合った「機密」というのが、この「宇宙太陽光発電」です。

この宇宙太陽光発電プラントを軌道上に建設し運営するプロジェクトを、我が国の民間宇宙産業振興と絡められないか、最後に考えてみましょう。

宇宙ビジネスのプラットフォームとして

一辺が2㎞四方の太陽光パネルとなると、その重さは概算で数万トンになります。これを軌道上に打ち上げるには、ロケットによる1000回を超える打ち上げが必要になります。これは第五章でもお話しした膨大な有効需要を生み出します。[*21]
建造がスタートすれば、多くのロケット・ベンチャーに受注機会が生じます。すると第七章でお話ししたように、多額のリスク・マネーが、このロケット・ベンチャーに集まってくるようになり、上場企業も複数輩出されるでしょう。[*22] また、自律型宇宙ロボットによるメンテナンス需要が大きく発生します。すると、ロボット・ベンチャーにも多くの有効需要がもたらされるでしょう。

一方、「これだけの大規模構造物を軌道上に建造するのだから、発電だけに使ってはもったいない！」という発想も出てくるでしょう。我が国独自の宇宙ステーションや、宇宙ホテルを併設しない手はありません。地上と行き来する宇宙往還機や、宇宙ガソリン・スタンド[*23]も必要となるでしょう。衛星修理やデブリ除去、衛星放出などの軌道上サービスのための拠点としても使えます。微小重力を使った実験施設や宇宙プロダクトの量産工場も併営できるでしょう。月やその先の深宇宙に対して宇宙機が離発着するスペースポートの機能も取り入れられるかもしれません。さらに、将来的には宇宙エレベータと一体化してリニューアルすることも考えられるかもしれません。

こうして構想を広げることによって、電力収入以外の収入口を確保でき、有効需要をさらに拡大することが可能となります。発電に限らずに多角化経営することを通じて、投資収益率が高まることになり、ますます多くの宇宙ベンチャーの育成機会を確保することが可能となるでしょう。

このように、宇宙太陽光発電のような大規模プロジェクトをプラットフォームとすることによって、我が国の宇宙産業を育てる十分な機会が確保できることになるでしょう。

民間宇宙産業を我が国の基幹産業に

我が国の宇宙開発技術は、世界からリスペクトされています。しかも、我が国は、宇宙産業が立地する上で競争優位となる条件を多数備えています。

技術的な蓄積が十分であることに加えて、我が国は、ロケットの打ち上げにとって大変有利な立地です。地球の自転を利用できる東から、極軌道への打ち上げができる南にかけて広く海が開けており、落下リスクを考慮しても安全にロケットを打ち上げられるためです。欧州の内陸国では、打ち上げ技術を持っていても立地に恵まれずに射場を確保できない国があるため、我が国がロケット・ビジネスを産業の柱に育てない手はないでしょう。

また、資本の蓄積も十分です。世界有数の株式市場を有していますし、エンジェルや機関投資家の層も厚く存在します。日本企業には、素晴らしい経営ノウハウの蓄積があり、優秀な経営者も多数存在しています。第八章で見たように、法制度面のキャッチアップも急速に進んでいます。そして何より、優秀な宇宙ベンチャーが多数輩出してきています。

我が国は、世界的な競争力を持つ産業を複数抱えていますが、右記のような条件を考慮すれば、民間宇宙産業もまた世界に伍《ご》していける次世代の基幹産業としてぜひとも育成すべき候補であることが分かります。

想像してみてください。我が国の宇宙ビジネスが花開いている近未来を。

インターステラテクノロジズ社やスペースワン社のロケットが、毎週太陽光パネルを運んだ結果で建造されたＳＳＰＳからは、インフォステラ社のレクテナに向けて電力が無線伝送され、ギタイ・ジャパン社のロボットが24時間メンテナンスを行い、併設されたホテルにＰＤエアロスペース社やスペースウォーカー社の有人宇宙往還機がせっせと観光客を運び、ワープスペース社の中継衛星を介して地上とビデオ通話も楽しめます。アストロスケール社の補給衛星はＳＳＰＳを拠点として各国の静止衛星に燃料補給を行い、スペースＢＤ社が運営する「宇宙ラボ」では毎月のように新薬が開発され、宇宙ホテル宿泊客は、オプショナル旅行としてスペースポートから出る定期便に乗って、アイスペース社が建設した月面都市に宿泊することもできる……。

こんな未来がどのくらい先に実現されるか……。

それは、今ここにいる我々の努力にかかっているのです。

＊1　「第八章　8・2　我が国も法制度の新設で米国を猛追」参照。
＊2　「第三章　3・2　ロケットのコスト破壊　打ち上げ費用は歴史的に低下　ロケットの打ち上げ料金比較」参照。
＊3　「第四章　4・1　ロケット打ち上げビジネス　リスクを取ってくれる客を前提に果敢に挑戦」参照。
＊4　「第八章　8・1　米国政府はリスクを取って法規制を刷新　リスクを取って法改正」参照。
＊5　「第八章　8・1　米国政府はリスクを取って法規制を刷新　リスクを取って法改正」参照。
＊6　「第八章　8・4　米国政府はリスクを取って法規制を刷新　宇宙と法規制はどのように関係してくるか」参照。
＊7　「第四章　4・1　ロケット打ち上げビジネス　リスクを取ってくれる客を前提に果敢に挑戦」参照。
＊8　「第八章　8・4　我が国の宇宙ベンチャー列伝　宇宙資源開発」参照。
＊9　「第六章　6・1　どのようにして宇宙ベンチャーの基礎を作ったか　第一段階　とにかく働く　社員のモチベーションを保つ経営手法　ジョブ・ホッピングとストック・オプション」参照。
＊10　「第八章　8・3　JAXAで始まる『一歩前へ』　副業解禁　および　我が国独特の従業員リスクの

＊11　「第八章　8・1　米国政府はリスクを取って法規制を刷新　リスクを取って法改正」参照。取り方」参照。

＊12　「第八章　8・2　我が国も法制度の新設で米国を猛追」参照。

＊13　「第五章　5・3　経営学的な観点から考えるCOTSの3つの意義　NASAの見事なリスク分担調整」参照。

＊14　「第五章　5・3　経営学的な観点から考えるCOTSの3つの意義　NASAの見事なリスク分担調整」参照。

＊15　「第八章　8・3　JAXAで始まる『一歩前へ』　副業解禁　および　我が国独特の従業員リスクの取り方」参照。

＊16　「第五章　5・3　経営学的な観点から考えるCOTSの3つの意義　NASAの見事なリスク分担調整」参照。

＊17　「第七章　7・4　なぜド赤字の段階で株式上場が許されるのか」参照。

＊18　「第七章　7・3　投資家はなぜリスクの高い投資を実行するのか　オカネには種類がある」参照。

＊19　第六章全般を参照。

＊20　「第八章　8・4　我が国の宇宙ベンチャー列伝」参照。

＊21　「第五章　5・3　経営学的な観点から考えるCOTSの3つの意義　有効需要民間開放策としてのCOTS」参照。

＊22　第七章全般を参照。

＊23　「第四章　4・6　軌道上サービス　宇宙ガソリン・スタンドも夢じゃない」参照。

おわりに

　ここまで、宇宙ベンチャーの躍進ぶりと社会におけるリスクの分散処理の重要性について考察してきましたが、本書を書く上で筆者たちを悩ませたことが2つありました。

　一つは、民間宇宙ベンチャーの変化は非常に激しく、執筆するかたわらから新たな展開が出現して修正が追い付かないことでした。例えば、「開発中」と書いていたロケットが打ち上がってしまったり、順調に進んでいると見えたプロジェクトが急に失敗したりと、頻繁に後戻りして書き直さなくてはなりませんでした。最後は、あくまで執筆時点で割り切って書くしかないと覚悟を決めました。

　もう一つは、なるべく理解しやすく、楽しんでお読みいただくことを優先すると、どうしても科学的、論理的な厳密さを犠牲にしなくてはならないことでした。重要な部分は注釈なども用いて補足しましたが、各分野を知悉《ちしつ》した諸兄からお叱りを受けそうな箇所が多々残っており、恐縮しております。

執筆しながらあらためて感じたことですが、宇宙ベンチャーの歴史はまだ浅く、定説があるわけではありません。しかし、この定説を形成していく上でも、我々が議論した一つの視点を情報共有させていただくことは、意味のあることではないかと考えて今回執筆させていただきました。紙面の制約などから捨象せざるを得なかった記述も多く、また別の機会にはそれらも包括して、宇宙産業の歴史と展望について書いてみたいと思いますが、まずは本書を契機に、様々な方々と議論することができたら幸いだと思います。

歴史が未成熟だという点では、宇宙ベンチャーの将来性も大きいですが、同時にリスクも大きいので、今後必ずしもバラ色の未来だけが期待されるわけではないと思います。特に安全保障面ではきな臭い匂いも漂っていますので、産業や個別企業の評価も、まだ二転三転する可能性があります。本書は宇宙ベンチャーへの投資を勧誘する書物ではありませんが、そうした意味では、もし宇宙ベンチャーに投資する時は自己責任でお願いします（笑）。

なお、本書は宇宙ベンチャー企業に主眼を置いた産業振興について記述しておりますが、これとは別に、宇宙開発には、宇宙科学（サイエンス）、経済安全保障や国家の宇宙アクセス能力保有／自在性等の重要な観点があることを付記しておきます。

最後に、本書執筆の際に適切なアドバイスとご指導をいただいた、光文社新書の小松現編集長に篤く感謝申し上げます。また、執筆に際して様々な意見をくださった、JAXA研究開発部門、宇宙輸送技術部門、H3プロジェクトチームの皆様、上土井大助様、相馬央令子様、佐藤勝様、そしてこれまで著書やご面談を通じて筆者両名に専門的な知見を授けていただいた、小塚壮一郎様、大貫美鈴様、日本の宇宙ベンチャー各社の皆様、作業を手伝ってくれた小松龍生君、小松駿生君、小松鎧生君、執筆活動をサポートしてくれた筆者両名の家族に、心からの感謝を捧げます。

2023年2月

小松伸多佳
後藤大亮

本文図表制作　デザイン・プレイス・デマンド

著者プロフィール

小松伸多佳（こまつのぶたか）

1965年東京都生まれ。'89年早稲田大学政治経済学部卒業後、（株）野村総合研究所入社。主任研究員。国際公認投資アナリスト。2005年に独立し、我が国初の有限責任事業組合（LLP）形態のベンチャー・キャピタルを設立。現在、イノベーション・エンジン（株）ベンチャー・パートナー。キャピタリストとして宇宙分野の投資を担当。企業並びに業界団体外部役員等兼務。ほかに、JAXA（宇宙航空研究開発機構）客員、内閣府規制改革会議参考人、高齢障害求職者雇用支援機構委員、関東ニュービジネス協議会部会長ほか、各種業界団体、政府関係機関委員等を歴任。著書に、『産業ニューウェーブ』（野村総合研究所、共著）、『成功するならリスクをとれ！』（東洋経済新報社）等。

〔ブログ〕https://ameblo.jp/komatsu-blog/

〔メール〕komatsu@innovation-engine.co.jp

後藤大亮（ごとうだいすけ）

1976年京都府生まれ。'01年大阪大学大学院基礎工学研究科修士課程修了後、宇宙開発事業団、のちのJAXA（宇宙航空研究開発機構）にて推進系の研究や衛星、探査機、ロケットの開発・運用に従事。主任研究開発員。データ中継技術衛星「こだま」、月周回衛星「かぐや」、超低高度衛星「つばめ」、小惑星探査機「はやぶさ2」、H3ロケットプロジェクト等の推進系技術、および推力1N、4N、50N等の姿勢制御用小型エンジン研究開発を担当。'11～'13年に内閣府総合科学技術会議事務局へ出向し宇宙、海洋、グリーンイノベーション分野科学技術を担当。'15年に国際宇宙大学スペーススタディーズプログラム参加。そのほか、JAXA-SSPS（宇宙太陽光発電システム）研究開発ロードマップ、日本航空宇宙学会宇宙ビジョン2050有人宇宙輸送分野とりまとめ、地球環境産業技術研究機構（RITE）ALPS-IVイノベーション・投資促進検討WG委員等。

宇宙《うちゅう》ベンチャーの時代《じだい》
経営《けいえい》の視点《してん》で読《よ》む宇宙開発《うちゅうかいはつ》

2023年3月30日初版1刷発行

著　者 ── 小松伸多佳《こまつのぶたか》　後藤大亮《ごとうだいすけ》

発行者 ── 三宅貴久

装　幀 ── アラン・チャン

印刷所 ── 萩原印刷

製本所 ── 国宝社

発行所 ── 株式会社光文社
東京都文京区音羽1-16-6(〒112-8011)
https://www.kobunsha.com/

電　話 ── 編集部03(5395)8289　書籍販売部03(5395)8116
業務部03(5395)8125

メール ── sinsyo@kobunsha.com

落丁本・乱丁本は業務部へご連絡くだされば、お取替えいたします。

ISBN 978-4-334-04653-8

光文社新書

1225
日本のピアニスト
その軌跡と現在地
本間ひろむ

「ピアニスト」という言葉の響きが放つ魔力——。日本のピアニストたちが歩んできた軌跡を辿りながら、今日、私たちが目にしている「新しいピアニスト像」までを射程に入れて考察。

978-4-334-04632-3

1226
観光立国・日本
ポストコロナ時代の戦略
箱谷真司

外国人訪日客99%減——。インバウンド受け入れの本格再開後、どのように観光産業を再生するか。日本各地を巡りDXやSDGs、観光公害対策など、現場の挑戦と葛藤を追う。

978-4-334-04633-0

1227
新地方論
都市と地方の間で考える
小松理虔

「都市」と「地方」。二項対立ではない視点から改めて地方を10のテーマで考えたときに、見えてくるものとは何か。福島県いわき市を拠点に、多彩な活動を続ける著者の思考と実践の記録。

978-4-334-04634-7

1228
不安型愛着スタイル
他人の顔色に支配される人々
岡田尊司

自己肯定感が低い、気を遣いすぎて疲れてしまう、感覚が敏感で体調を崩しやすい……生きづらさの理由、そして克服や治療法は？　職場や家庭での周囲の対応の仕方も事例を交え詳述。

978-4-334-04635-4

1229
広告の仕事
広告と社会、希望について
杉山恒太郎

広告から〝公告〟へ。日本の広告界のレジェンドが、自らのクリエイティブを振り返りながら、広告の未来を熱く鋭く語る。山口周氏とのロング対談を収録。解説・河尻亨一氏。

978-4-334-04636-1

1230
「美食地質学」入門
和食と日本列島の素敵な関係
巽好幸
蕎麦を育む火山、出汁を支える山脈、日本酒と地球の大変動――。多彩な和食が生まれた理由は日本列島にある!? 地下深くで密接に結びつく二つの意外な関係をマグマ学者が丁寧に紐解く。
978-4-334-04637-8

1231
時を超える美術
「グローカル・アート」の旅
新見隆
ローカル(地域、身近なもの)を大事にしながらグローバル(世界のありかた)につながる――。そんな「グローカル」な精神を宿した美術作品や芸術家に触れた「芸術風土記」エッセイ。
978-4-334-04638-5

1232
Web3とは何か
NFT、ブロックチェーン、メタバース
岡嶋裕史
「巨大IT企業の支配から個人が解放されたインフラ」で、「要素技術としてブロックチェーン、なかでもNFTあたりを重視する」というWeb3の全体像を、批判的な見方を含め解説。
978-4-334-04639-2

1233
古典と日本人
「古典的公共圏」の栄光と没落
前田雅之
高等教育の古文・漢文不要論が唱えられる今、私たちに古典は本当に必要なのか。日本において古典が成立した歴史を辿りながら、そもそも「古典」とは何かということを考える。
978-4-334-04640-8

1234
小学校受験
現代日本の「教育する家族」
望月由起
拡大・過熱・多様化――誰が、なぜ、どのように受験しているのか。入学後の環境は? 教育学者が小学校受験の実際や問題点、評価すべき点などを、経験者の声も交え具体的・リアルに報告。
978-4-334-04641-5

1235
アニメ療法《セラピー》
心をケアするエンターテインメント
パントー・フランチェスコ

日本のポップカルチャーの力で、心を治癒することはできるか。イタリア出身のオタク精神科医が精神医学や心理学の知見を物語療法と接続し、新しい「アニメ療法《セラピー》」を構想する。

978-4-334-04642-2

1236
安い・美味しい・簡単 実践 健康食
岩田健太郎

「近所のスーパーの特売品で自炊」に健康が詰まってる…感染症医でファイナンシャル・プランナーの資格も持つ著者と考える、お金をかけず、持続可能でより豊かに生きるための食事術。

978-4-334-04643-9

1237
社会を変えるスタートアップ
「就労困難者ゼロ社会」の実現
小野貴也

全国1500万人の「就労困難者」に適切な仕事を提供し、労働力減少を補う。社会課題を解決するスタートアップが見据える日本経済の未来像と、その先にあるインクルーシブ社会とは。

978-4-334-04644-6

1238
教育大国シンガポール
日本は何を学べるか
中野円佳

激しい教育競争、点数化する習い事――煽られ、葛藤する母親達、疲弊する子ども達。教育社会学研究者・ジャーナリストが現地の教育システムの実態を、インタビュー調査を交え報告。

978-4-334-04645-3

1239
エンタメ小説家の失敗学
「売れなければ終わり」の修羅の道
平山瑞穂

華々しいデビュー、10万部超えのヒット、そして映画化――。人気作家も目前だった小説家が犯した痛恨の「失敗」とは? 出版界の裏事情と赤裸々な告白に満ちた自虐的反省の書。

978-4-334-04646-0

1240
「おふくろの味」幻想
誰が郷愁の味をつくったのか
湯澤規子

一体「おふくろの味」とは何を指しているのか。なぜそれは時に女性たちをいらだたせるのか。社会と時代を丹念に読み解き、「おふくろの味」が誕生した経緯とその正体を探る。

978-4-334-04647-7

1241
数字のセンスを磨く
データの読み方・活かし方
筒井淳也

私たちは数字に取り囲まれて日々を送っている。だが、数字をきちんと理解し、数字ときちんと向き合えているだろうか。計量社会学・家族社会学を専門とする著者が「数字との付き合い方」を示す。

978-4-334-04648-4

1242
追跡 税金のゆくえ
ブラックボックスを暴く
高橋祐貴

一般社団法人による〝中抜き〟、見えない五輪予算、孫の小遣いとなる中山間地域の助成金――。私たちの税金は何に使われているのか。気鋭の新聞記者がその杜撰な実態に粘り強く迫る！

978-4-334-04649-1

1243
友情を哲学する
七人の哲学者たちの友情観
戸谷洋志

友情とは何なのか。いま、その多様性を知ることが、人生をいくらか豊かなものにしてくれるのではないか。漫画が描く「友情」のあり方を参照しながら、哲学者七人の友情観を探る。

978-4-334-04650-7

1244
改訂版 東大合格高校盛衰史
1949年〜最新ランキング徹底解剖
小林哲夫

日本一の頭脳たちはどこから集うのか？　名門進学校の凋落と躍進を辿ることで、日本社会の構造が浮き彫りになる。戦後から今に至るまでの合格者数ランキングで、東大受験の実情を一挙総覧！

978-4-334-04651-4

光文社新書

1245
リスキリングは経営課題
日本企業の「学びとキャリア」考

小林祐児

急速に取り組みが進む、知識やスキルの学び直し「リスキリング」を阻む、日本企業特有の構造とは何か。大人が世界一学ばない国・日本における学び方、働き方の新たな仕組みを考える。

978-4-334-04652-1

1246
宇宙ベンチャーの時代
経営の視点で読む宇宙開発

小松伸多佳　後藤大亮

宇宙開発は民間企業がイニシアティブをとる「ビジネス」として生まれ変わりつつある。ベンチャー・キャピタリストとJAXAのエンジニアが企業経営とサイエンスの観点から展望する。

978-4-334-04653-8

1247
東大生、教育格差を学ぶ

松岡亮二　髙橋史子
中村高康　編著

地域・性別・社会階層など本人が変えることのできない「生まれ」によって学力や学歴などに差がうまれる「教育格差」を、東大生38人はどう捉えるか。白熱ゼミの模様を新書化。

978-4-334-04654-5

1248
90歳までに使い切る
お金の賢い減らし方

大江英樹

「貯める・増やす」の呪縛、「老後不安」という物語に振り回されず、価値ある使い方をすることで人生を豊かに生きる方法とは。お金の本質を掘り下げ、日本人のお金観に一石を投じる。

978-4-334-04655-2

1249
大人のマナー術

辛酸なめ子

コロナ禍の限られた人付き合いで、辛酸さんのマナー感覚は危機的状況に。一念発起、よりよい人間関係のヒントを学びます。今こそ読みたい、避けられないコミュニケーションへの処方箋！

978-4-334-04656-9